四大名著中的天文密码

王玉民 —— 著

人民邮电出版社

北京

图书在版编目（CIP）数据

四大名著中的天文密码 / 王玉民著. -- 北京：人民邮电出版社，2025. -- ISBN 978-7-115-65057-3

Ⅰ．P1-092

中国国家版本馆 CIP 数据核字第 2024E9H748 号

内 容 提 要

中国古代天文学源远流长、博大精深，而中国古代四大名著作为我们从小就熟悉的经典读物，蕴含了许多天文知识。这些天文元素在很多章回中都是关键的线索，推动了故事情节的发展。

本书汇聚了四大名著中与天文相关的故事情节、习语典故和诗词歌赋，主要分为宇宙观、日月、行星、星宿、干支、谶语、历法、节令等八个方面，结合名著原文和知识卡片，清晰地梳理了四大名著中的天文脉络，系统介绍了中国传统天文知识，深入剖析了这些天文元素及其文化意蕴，是一部兼具文学性与科学性的科普佳作。

本书特别适合对中国传统文化和古代天文知识感兴趣的读者阅读。

◆ 著　　　　王玉民
　 责任编辑　韩　松
　 责任印制　陈　犇
◆ 人民邮电出版社出版发行　　北京市丰台区成寿寺路 11 号
　 邮编　100164　电子邮件　315@ptpress.com.cn
　 网址　https://www.ptpress.com.cn
　 鑫艺佳利（天津）印刷有限公司印刷
◆ 开本：720×960　1/16
　 印张：14.75　　　　　　　　　2025 年 1 月第 1 版
　 字数：198 千字　　　　　　　2025 年 1 月天津第 1 次印刷

定价：79.00 元

读者服务热线：**(010)81055410**　印装质量热线：**(010)81055316**
反盗版热线：**(010)81055315**
广告经营许可证：京东市监广登字 20170147 号

前　言

经典是一种挖掘不尽的文化宝藏。太阳底下没有新鲜事物，但太阳每天都是新的。我们对经典也应作如是观。

中国古代文学典籍中，贴近大众的小说类著作有四部最为经典，它们是明代的《水浒传》《三国演义》《西游记》以及清代的《红楼梦》，并被现代人公认为"四大名著"。文学是人学，小说类著作更是以人为中心，详尽地来描写社会生活的作品，所以这四部经典除了为我们塑造了大量鲜活生动的人物形象和给我们留下无数曲折有趣的故事之外，还全方位地、具体地、形象地描绘了当时社会生活的几乎方方面面，所以它们的确是挖掘不尽的文化宝藏。只要读者稍稍用心，就可以从这些作品中读出他感兴趣的某些行业、学科、领域的知识描写。可以说，只要带着某种准备去阅读，几乎所有行业、专业、领域的人都可以从中感到"同频"和"共鸣"。

要而言之，四大名著是中华传统文化要素的承载者，其中体现的中华传统文化的各种要素，许多都是值得我们今天好好借鉴、吸收和继承的。所以，现代一直有人对这四座宝库进行整理和挖掘，比如，最早是从文学、历史的视野，后来又扩展到军事、宗教、政治、阶级斗争等角度。近年来，对四大名著的挖掘更是全方位地展开，比如有人从经营管理、谋略、民俗、心理、伦理角度，更具体、更专业的则还有从中医药、服装、餐饮等方面进行发掘整理的。

从书名可以看出，这本书是从"天文"的角度来欣赏四大名著的，通过这个角度，向读者朋友揭示一下这四座宝库中的"天文密码"。为什么我们选择天文？因为现在人们越来越认识到，中华传统文化是一个内涵丰富的有机整体，而中国传统科技，是中华传统文化的一个重要组成部分，而中国古代的天文学呢，则是中国传统科技的"首席"，其重要性是非常突出的。

四大名著中，天文的内容非常之多，从《水浒传》的"忠义堂石碣受天文"到《三国演义》的"五丈原诸葛禳星"，从《红楼梦》的"女娲氏炼石补天"到《西游记》的"二十八宿下界"，与天文相关的内容可以说俯拾即是。笔者是文学硕士，曾专攻中国古典文学，对四大名著心有所系；又是天文学博士，现在专攻天文学史，对中国古代天文学自然也是情有独钟，所以非常愿意把四大名著中的天文内容整理、凸显出来，奉献给读者朋友。

读者朋友可能会问，怎么上面举的几个例子有点不像天文学？这是因为，中国古代天文学与现代天文学本来就是有着重大区别的。在中国古代传统的"天人合一"宇宙观中，古人认为"天道"与"人事"之间是相通的，宇宙与人是不可分割的有机整体，所以"天文"与"人文"是分不开的。这样，中国古代天文学与现代天文学就有着相当不同的内容和面貌。我们知道，天文学的任务就是观测星体、探索宇宙奥秘——这实际是现代天文学的任务。而中国古代天文学的任务——观测星体，当然也是想探索宇宙奥秘，但不是置身事外、无忧无虑地观测，而是要通过观察天空的变化来"昭示天命"，预测人间特别是皇家的事务。当然，中国古代天文学家也知道探索宇宙奥秘，比如通过观测日月星象的变化制定历法指导农业活动，推测天地的构造建立宇宙模型等，但这些都是在"天人合一"观念的框架里进行的。

所以，想要接触中国古代天文学，读者必须有这样的思想准备：在中国古代社会，天文学具有极为特殊的地位；中国古代的天文台不是"科研机构"，而是皇家的一个部门；天文学家都是朝廷的官员，是直接为皇家服务的。皇帝称"天子"，他的皇权是天意的表现，而只有通过天文观测，古人才能了解到"天意"是什么。我们了解中国古代天文学，从这样的角度入手，才能得知这些天文知识的真相，其中很多东西是需要我们破译和解析的，所以在本书的书名中，我们称其为"天文密码"。

中国古代天文学的位置就是这么特殊，首先它是皇家御用工具，其次它与政治、军事、文化、科技、宗教、民俗、百姓日常生活等都有着千丝万缕的联系，所以四大名著中才会有这么多的天文知识。对比一下，现代的许多文学名著，无论中国的还是西方的，天文知识极少，就可以理解了。

因此，笔者愿充当一回导游，带领读者到四大名著这座博物馆的"天文厅"做一番细致的游赏——您会发现，这座充满神秘气息的殿堂，曲径通幽，引人入胜，距离我们并不遥远。这本书通俗易懂、趣味十足，主要选取贴近现代天文学的、生动有趣的、有故事的天文知识介绍给大家，尽量做到系统完整。实际上四大名著中的天文内容是非常之多的，这本小书所引用、介绍的也许只有十分之一。但愿对古天文有兴趣的读者，可以借机从这个角度把四大名著再读一遍，这样不但会对中国古代天文知识有一些感性的、系统的认识，也对四大名著方方面面的内容会有更深入、更新的理解。

关于本书中所引四大名著的原文，《水浒传》用的是上海古籍出版社 1984 年新一版的《水浒全传》，这是最为完整的一百二十回本；《三国演义》《西游记》《红楼梦》则是人民文学出版社版本。这些都是至今为止国内发行量很大、非常权威的版本。

最后还要感谢人民邮电出版社的高级策划编辑毕颖，是她从选题到把关，全程推动，为此书花费了大量心血；还要感谢本书的责任编辑韩松和插画师周鹏宇，是他们的辛勤努力，以及多次排版修订，才使这本书顺利问世。

王玉民

2024 年 6 月于北京

目　录

壹 宇宙开辟 天圆地方

说到四大名著中的天文密码，我们不妨从最大、最久远的事物讲起。那么世间最大的事物是什么呢？当然是宇宙了。最久远的事物呢？那就是宇宙的诞生了。

按照最流行的大爆炸宇宙论，我们知道，宇宙是在130多亿年前的一次大爆炸中形成的，然后经过长久的演化，终于形成了今天的星系、太阳系和地球等。在遥远的古代，科学可没有发展到现在这样的程度，但是我们的先辈对我们置身其中的宇宙是什么样子的、怎么起源的，也特别想弄明白，而限于当时的生产力水平、知识和眼界，古人只能根据生活经验来猜测，或寄托于神话故事。后来有了科学思想，一些学者就试图建立一些比较朴素的天地结构模型。这些知识自然会反映在文学作品中，比如四大名著里，有关于天地起源的神话传说，还会有一些比较成形的科学理论，也有不少民间广泛流传的想象出的事物，比如"天边""天涯海角"等。

在四大名著的某些章回里，我们可以看到关于宇宙起源的"盘古开天辟地""女娲补天"的神话，关于宇宙结构的"天圆如张盖，地方如棋局"的说法，还涉及了"浑天说"等理论，在陆地、海洋这一层面则有"四大部洲""海内海外"等说法。下面我们就结合四大名著里的相关故事，谈一谈这些有趣的天文密码。

1. 混沌开天：宇宙起源神话

我们先来看看在混沌中盘古开天的故事，这在《三国演义》第八十六回有一段描述。当然，盘古的故事在其他更早的古代典籍中已有记载，如三国时期的《三五历纪》、南朝的《述异记》中都有，把这些记载对照着读一读是很有意思的。

秦宓谈天说地难张温

《三国演义》第八十六回，写到东吴使者、名士张温来到西蜀见蜀国的后主刘禅，期望两国交好。刘禅和诸葛亮设宴款待他时，席上忽然来了一个人，"昂然长揖，入席就坐"。张温想："我来自东吴发达之地，饱读诗书，你们西蜀偏狭地方能有什么人才，来的这个人怎么这么牛气？"于是他心中就有些不满。诸葛亮介绍说，此人叫秦宓，是益州学士。张温笑道："既然称作学士，不知道胸中有学问吗？"然后张温就问他一连串"天有头乎""天有耳乎""天有足乎""天有姓乎"的怪问题，想难倒秦宓。没想到秦宓引经据典，对答如流，弄得张温再也问不下去了。

这时，秦宓开口问张温了："先生东吴名士，既以天事下问，必能深明天之理。昔混沌既分，阴阳剖判；轻清者上浮而为天，重浊者下凝而为地。至共工氏战败，头触不周山，天柱折，地维缺，天倾西北，地陷东南。天既轻清而上浮，何以倾其西北乎？又未知轻清之外，还是何物？愿先生教我。"

这些都是最本原的问题，一下搞得张温完全无言可对，于是他起身道歉："不意蜀中多出俊杰！恰闻讲论，使仆顿开茅塞。"

盘古开天辟地的神话故事

秦宓向张温问的那一套"天之理"，就来自中国盘古开天辟地的神话。

按照《三五历纪》《述异记》等典籍的记载，世界最早黑暗混沌如鸡蛋（可称为"宇宙蛋"），有一个叫盘古的巨胎孕育其中。一万八千年后，盘古成熟，他挺起身来，手举巨斧，一下子将这"宇宙蛋"劈成两半，于是千万年的混沌被搅动了。这些混沌的物质本来是轻重不分的，这一搅动，轻的东西就分化出来了，纷纷上升，最后凝结为晶莹的天空；重的东西也开始慢慢下降，最后沉淀为厚重的大地。

这以后，雏形的"天""地"继续演化，"天"每日向上升高一丈，"地"每日向下增厚一丈，在这个分化过程中，盘古每天也增高一丈，所以他始终顶天立地。就这样天地又扩展膨胀了一万八千年，终于形成了现在一眼望不到边的高天厚地。

盘古开天辟地

　　光有天壳和地面还不成，天地内的其他事物是怎么形成的呢？神话又说，最后盘古临死时，他身体的各部分化作天地内的万物：两眼成为日月，须发成为星星，气息成为风云，声音成为雷霆，四肢成为东南西北四极，五脏（一说五体）成为五岳，血液成为江河，筋脉成为道路，肌肤成为田地，汗毛成为草木，汗水成为雨露，牙齿和骨骼成为矿物和岩石，寄生虫成为黎民百姓。

我们再看一看《西游记》，它的第一回讲石猴出世，也是从宇宙诞生讲起的。开始是"天地昏曚而万物否矣"，接着"轻清上腾，有日，有月，有星，有辰"，以及"重浊下凝，有水，有火，有山，有石，有土"，然后"天地交合，群物皆生"，最后"生人，生兽，生禽"。这也完全是来自盘古开天辟地的神话。

轻者上升 重者下降

盘古开天辟地的神话故事，讲述的是我们的祖先对宇宙万物起源的一种想象。既然讲的是最早的事件，那么是不是这些神话起源得也很早？不是，远古时期的人还追溯不到那么深远的事，是文明发展到一定程度，人们才开始关心这种事的。所以，越是久远的事件，人们反而了解得越晚，在科学上更是如此，像大爆炸宇宙论，是70多年前科学家才提出来的。而盘古开天辟地的神话，是三国时期才出现的，到南朝梁代才有了完整的记载。

所以，西蜀的秦宓讲这件事的时候，这种说法才刚刚出现，怪不得张温无言以对呢！秦宓还避开了盘古故事中的神话部分，只说"昔混沌既分，阴阳剖判；轻清者上浮而为天，重浊者下凝而为地"，这样可以显得更学术一些，避免对方用神话来随意解释。

后来，在古代的天文学领域，"混沌开天，轻升为天，重凝成地"的说法逐渐成了正规说法。比如在江苏省苏州市的文庙里，放着一座很大的石碑。石碑刻于南宋时期，上部是一幅圆形的全天星图，下部有两千多字的说明文字，开头就说：在宇宙未诞生的时候，"天""地""人"都混于其中，浑然不分；宇宙诞生时，轻、清的物质就上升成为天，重、浊的物质下降成为地，前者是气，无形的，后者是粒，有形的。它还说，这就是"自然之理"。

 知 识 卡 片

大爆炸宇宙论　现代宇宙学中最有影响力的一种学说。它的主要观点认为：130多亿年前，一个致密、炽热的奇点在一次大爆炸后膨胀，形成了宇宙。爆炸之初，物质只以粒子的形态存在。随着爆炸后的急剧膨胀，宇宙的温度和密度很快下降。随着温度降低，宇宙里逐步形成了原子、分子，并复合成为通常的气体。气体再逐渐凝聚成星云，星云进一步演化成各种各样的恒星和星系，最终形成我们今天看到的宇宙。

古人也会刨根问底

我们比较比较，会发现古代的"混沌开天"与现代的"宇宙大爆炸"，还真有些相似的地方。孩子们第一次接触到大爆炸宇宙论时，几乎都会问："那么宇宙一开始的这个爆炸点在哪儿？在爆炸之前宇宙奇点又是从哪儿来的？"

其实在古代，人们提出"混沌开天"说法的时候，爱刨根问底的人也会提出类似的问题。比如，混沌开天那一刻，这颗"宇宙蛋"在哪里？有趣的是，后人为了解答这个疑问，还设定了"宇宙蛋"的起始位置：现在的河南泌阳县南 15 千米有一座盘古山，说这里就是当年孕育盘古、开天辟地的地方。

那么在混沌开天之前，那些轻的、重的物质又在哪里呢？这正是秦宓对张温的要命一问："轻清之外，还是何物"呢？这么刨根问底，难怪自称无所不通的张温也无言以对了。

知 识 卡 片

鸿蒙　《红楼梦》第五回"游幻境指迷十二钗　饮仙醪曲演红楼梦"中，有歌词"开辟鸿蒙，谁为情种？"这个"鸿蒙"，就是指天地开辟前那团混沌黑暗的物质。这个词朋友们是不是特别耳熟？是的，华为技术有限公司前几年自主开发的操作系统 Harmony，它的中文名就是"鸿蒙"，正表现的是开发者力求创新、包罗万象的意图。

2. 女娲补天：遗留一块宝玉

前面讲的《三国演义》的故事中，秦宓问张温问题时讲了一句话："至共工氏战败，头触不周山，天柱折，地维缺，天倾西北，地陷东南。"——这其实是又一个著名的神话。这个神话在四大名著中更引人注目，《西游记》《水浒传》中都曾提到。至于在《红楼梦》中，就更重要了，它简直就是整个《红楼梦》故事的起因，在第一回一开篇就讲了这个神话，想必读了《红楼梦》的朋友谁都忘不了。

"宝玉"的由来

《红楼梦》中，不断写到贾宝玉佩戴的一块晶莹宝玉，这简直就是小说里最重要的一件"道具"。它来到世上的方式也奇特，是小说第一号人物出生时就含在嘴里的，而且这孩子也因此取名"宝玉"。那么这块宝玉更早又是怎么来的呢？请看《红楼梦》第一回的开头：

原文赏析

原来女娲氏炼石补天之时，于大荒山无稽崖炼成高经十二丈、方经二十四丈顽石三万六千五百零一块。娲皇氏只

用了三万六千五百块，只单单剩了一块
未用，便弃在此山青埂峰下。谁知此石
自经煅炼之后，灵性已通，因见众石俱
得补天，独自己无材不堪入选，遂自怨
自叹，日夜悲号惭愧。

一日，正当嗟悼之际，俄见一僧一
道远远而来，生得骨格不凡，丰神迥异，
说说笑笑来至峰下，坐于石边高谈快论。
先是说些云山雾海神仙玄幻之事，后便
说到红尘中荣华富贵。此石听了，不觉
打动凡心，也想要到人间去享一享这荣
华富贵……

原来这块宝玉是远古时期留下的一件"文物"——
当初女娲炼石补天时剩下的一块石头，怪不得《红楼梦》
故事写得这么生动感人呢，原来和女娲补天有关系。那
么，女娲补天的故事到底是怎样的呢？

女娲补天的神话故事

女娲补天的神话在西汉的《史记》《淮南子》等书
里就有了，比盘古开天辟地的神话出现得要早。这个神
话的大意是这样的。我们安身立命的天和地，天在上，
像雨伞那样盖在头顶；地在下，像棋盘那样四四方方。

这个正方形大地的四角各有一座高山，它们支撑着天盖。然后就出事了，远古时期，有两个部族首领共工与颛顼，他们争夺天下，最后共工被打败了。失败的共工无处撒气，于是一怒之下一头撞向了大地西北角的那根擎天的柱子——不周山。顷刻间，轰隆一声巨响，天柱折断，西北角的天塌了，大地的东南角塌陷，也失去了平衡，地上顿时水火泛滥，一片混乱。

眼看天地就要毁灭，为了挽救这个危局，神女女娲出来了。她收集地上的石头，点燃炉火，炼成了许多"五色石"，用它们把天上塌掉的部分补好了。那么折断的不周山怎么办呢？不能总用手托着这一角的天穹啊！她

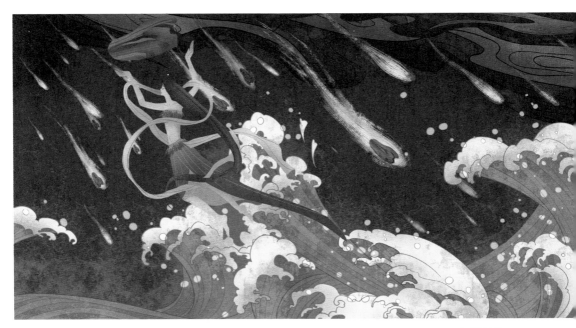

◎ 女娲补天

决定用更结实的骨质柱子代替容易崩折的石头柱子，于是她砍掉一只鳌（一种巨大的神龟）的四条腿，用它那些粗壮的腿骨，立在大地的四个角代替石头做的天柱，终于支住了不稳固的天穹，这样就形成了后来的天地格局。

共工一头撞折不周山那一瞬间，是一场巨大的灾变，所以后代文人常把它作为典故，来比喻突发的变故。比如《水浒传》第一回，写洪太尉上江西龙虎山请张天师祈禳瘟疫时，参观伏魔殿，硬要打开封闭的地穴，结果一股黑气"哗啦啦"冲出来。那股气势，书中是这样用诗形容的："恰似：天摧地塌，岳撼山崩。钱塘江上，潮头浪拥出海门来；泰华山头，巨灵神一劈山峰碎。共工奋怒，去盔撞倒了不周山。"

不周山，顾名思义，就是"不完整的山"。它被撞断，当然就不完整了，看来这山名很可能是后起的。

天倾西北　地陷东南

女娲补天之后，是不是天地又完好如初了？没有。天虽然被女娲补好支好，但毕竟曾经"伤筋动骨"了，所以天并没有完全回到原来的状态：从那以后，天有些向西北倾斜，本来过去日月星辰是在天上不动的，现在则纷纷向西北方向落下。地也没有完全填平，在东南方向陷下一个大坑，本来地上的水是待在原地的，现在只好往低处流，条条汇聚，汇成江河，最后流向东南的凹陷，积成海洋。在地理课上我们都学过，中华大地的基本地形是西高东低，所以后人对这个神话的解释很符合我们国家西北高耸有昆仑山、东南很低直到海洋的状况。

既然是神话，故事里难免会有些漏洞。所以《三国演义》中的秦宓问："天既轻清而上浮，何以倾其西北乎？"就是说，既然天是轻的，向上飘浮，怎么会塌了一角？而且女娲补了之后，为什么天仍然低垂，倾向西北呢？这个矛盾，张温当然无法回答了。

《西游记》第六十五回有一段唐僧与徒弟们的对话，讨论的是天与擎天柱的关系，也很有趣，请看下文：

原文赏析

正行之间，忽见一座高山，远望着与天相接。三藏扬鞭指道："悟空，那座山也不知有多少高，可便似接着青天，透冲碧汉。"行者道："古诗不云：'只有天在上，更无山与齐。'但言山之极高，无可与他比并，岂有接天之理！"八戒道："若不接天，如何把昆仑山号为'天柱'？"行者道："你不知，自古'天不满西北'。昆仑山在西北乾位上，故有顶天塞空之意，送名天柱。"

昆仑山是西北方向的一个擎天柱，这是女娲补天神话之外的另一种说法。但这里孙悟空也提到了"天不满西北"，说明这个擎天柱还是和女娲补天的神话相关的。至于"西北乾位"是什么意思，这是中华传统文化中的方位概念，后面我们还要详细解释。

《红楼梦》第一回中，写完女娲的补天石转化为宝玉，接着就写道："当日地陷东南，这东南一隅有处曰姑苏，有城曰阊门者，最是红尘中一二等富贵风流之地。"

前面刚说完女娲补天事件，这里马上又提到"地陷东南"，意思是，宝玉这块石头没有用来补西北的天，也许这就是"天不满西北"的原因吧？"地陷东南"是说江南一带地势很低，再往东就是大海了，这低平的海边一带有个姑苏城。姑苏即苏州，是林黛玉的祖籍。这实际是为写第二号人物林黛玉做准备了。一个西北，一个东南，安排得很巧妙。

3. 日落西海：天圆地方浑天象

盘古开天辟地、女娲炼石补天，是我们的祖先从神话方面来设想天地的起源和结构。而他们对宇宙结构的科学观念，也几乎在同时逐渐形成。总括起来，我们祖先对宇宙结构的看法，主要有三种学说：盖天说、浑天说和宣夜说。

盖天说

如果你在晴朗的天气，站在广袤的原野向四周看去，你对天地的直观感觉是什么样的？天肯定像是一个

❀ 盖天说

巨大而晶莹的蓝色穹顶，高高笼罩在你的头上，然后远远地向四周低垂，在极远极远的地方，就好像与大地相接了；而大地呢，则像一个平坦辽阔又深厚（当然也有山谷）的致密地块，向四面延伸，在地平线上仿佛与天盖合在一起了。古人就是在这种感觉的基础上，形成了"盖天说"。

最早的盖天说形成于距今3000多年的西周时期，这种学说认为"天圆如张盖，地方如棋局"；后来成熟的盖天说记载于大约成书于西汉的《周髀算经》，书中认为不但天圆圆的，像一顶伞盖或斗笠，大地也不是方的了，而是呈倒扣着的圆盘状，略向上凸起〔"天象盖笠，地法覆槃（同盘）"〕；天和地的距离是八万里，地中心是北极，也是地势最高的地方，中国在北极的南面十万三千里。

《西游记》中说，孙悟空一个跟头能翻十万八千里。这就是说，他能一个跟头从北极翻到中国。西天取经路途有多远？东土大唐距灵山也是十万八千里，说明孙悟空也能从东土大唐一个跟头翻到西天。据说唐朝时候的一里要比现在的一市里（500米）稍微短一些。打开地图量一下，我们会发现从西安（唐朝都城，当时称长安）到印度新德里的距离大约是3000千米，也就是唐朝的6000多里，这连《西游记》中说的"十万八千里"的零头都不到，可见那时的人把大地想象得特别大。

盖天说认为天是扣在地上的一个大盖子，永远在地面以上，于是人们就推测：既然日月星辰是固定在天上的，那它们就不可能"东升西落"，而是横着转到西北方足够远的地方，这样我们就看不见了。按盖天说的说法，光线的传播是有距离的，超过某个距离光线就突然消失了。所以太阳、月亮"下山"时是右边缘先消失——因为它们的右边缘先转到西北方向光线传不过来的那个距离的临界点——然后像进入阴影区一样竖着渐渐全部消失，虽然它们还在那里，但我们看不见了。

这种推测与我们的直观感觉完全不符，因为我们看到的太阳、月亮在"下山"时永远是下边缘先消失的，而且也不是凭空消失，而是被山、海或地平线挡住而逐渐沉下去的，最后全部消失在大地的下面。

浑天说

为了解释这种现象，又出现了一种新的宇宙结构理论——"浑天说"。

"浑"是什么意思？古人解释说"立圆为浑"，"浑"就是"球"。盖天说认为天在上、地在下；而浑天说认为天在外、地在内，天是一个大圆球壳，把地包在里面，日月星辰附在天上，可以随天壳转到大地下面去。这样就符合日月星辰东升西落的直观感觉了。

到了东汉，浑天说已经非常成熟，它的集大成者是著名科学家张衡（公元 78—139 年），他在《浑天仪注》里明确解释道：天的形状是浑圆的，像个鸡蛋壳；大地就像蛋黄，靠海水或气的浮力托着，于是悬在天壳的中央。天壳总有一半位于大地之上，一半位于大地之下，日月星辰随着天壳转动。太阳在大地上方运行时是白天，在大地下方运行时就是夜晚。

按这种学说推想，太阳应该是在海水中升起和落下的，这很可能是古人的共识。《西游记》中描写唐僧师徒四人走近火焰山时的一段对话，生动地表现了作者按浑天说想象的天海交界处太阳落入海中的景象：

原文赏析

师徒四众，进前行处，渐觉热气蒸人。三藏勒马道："如今正是秋天，却怎返有热气？"八戒道："原来不知，西方路上有个斯哈哩国，乃日落之处，俗呼为天尽头。若到申酉时，国王差人上城，擂鼓吹角，混杂海沸之声。日乃太阳真火，落于西海之间，如火淬水，接声滚沸；若无鼓角之声混耳，即振杀城中小儿。此地热气蒸人，想必到日落之处也。"大圣听说，忍不住笑道："呆子莫乱谈！若论斯哈哩国，正好早哩。似师父朝三暮二的，这等担阁，就从小至老，老了又小，老小三生，也还不到。"

古人认为，太阳是"火之精"，那么熊熊燃烧的太阳落到海水里该是怎样的情景？在古人的经验里，最贴近的比方就是把烧红的铁块浸到冷水里的淬火景象了，那冷水瞬间滚沸的巨响、热气扑面的气势一定是非常吓人的。孙悟空说的最后那段话还告诉我们，古人所设想的大地尺度太大了——西天虽然遥远，走几年也就到了，但如果按他们西天取经走走停停的节奏，想走到日落之处，恐怕三辈子也走不到。

没有"地球"但有"天球"

从以上叙述可以看出，在对宇宙结构的认识上，浑天说要比盖天说进步很多，浑天说对天地的描述更为直

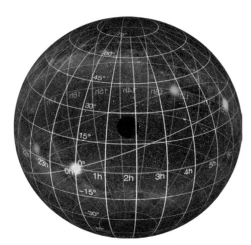

◎ 地球与天球

知 识 卡 片

　　古代的天球坐标　做一通俗的解释，天球坐标可以认为是地球坐标的延伸。把连接地球两极的地轴（也就是自转轴）向外延伸，交到天球上的两点，就是北天极、南天极；把地球赤道面向外扩展，与天球相交的那个大圆就是天赤道。在地球上，我们可以用"纬度""经度"数来表示某城市的坐标，对天上某星体位置的确定与此也很类似。不同的是，在历史上是先有"天球"的概念后有"地球"的概念，而我们现在学习经纬度时，是先认识地球，再认识天球。

　　极昼　由于地球自转轴是倾斜的，在极圈范围内，可能会出现一日之内太阳都在地平线以上的现象，这就叫极昼。北极圈的极昼发生在夏至前后，南极圈的极昼发生在冬至前后。这时在极圈以外的部分地区，可以看到午夜的太阳在正北的地平线下滑过，天色微明如黄昏，称作"白夜"。

观，符合人们的日常经验，所以越来越受欢迎。不过，张衡虽然提到大地像蛋黄，但这仅仅是个比喻，那时人们并没有形成"地球"这一概念。我们的先辈一直认为大地是平的，中原一带是大地的中心，所以才有"天边日落"这种说法。而且在浑天说出现很久之后，依然有人认为大地是方的，即正方形的大地漂浮在海上。还有人推测，太阳落到海底之后，因为海水的折射，所以人们在大地的边缘仍然能看到太阳微弱的光。据说后来还有旅行家"证实"了这一说法。他们走到遥远的西域沙漠以北时，正好是夏天，昼长夜短，几乎可以看到极昼现象：到了子夜，北方的天空仍然朦胧如同黄昏。他们便认为自己走到了正方形大地的西北角，海底的阳光从北方天地间的空隙透出来了。

那个时代，人们虽然还没有形成"地球"的概念，但是早就有了"天球"的概念。包着大地的这个浑圆的天，就是天球。"天球"概念与人们直观感受到的"天穹"也相当吻合，大大方便了天球上坐标的建立和天体位置的测定。

圆周为什么是 360 度？

我们都知道，一个圆周是 360 度，古人是不是也这样认为呢？我们来看看《西游记》第一回是怎么描写花果山上那块孕育石猴的大石头的：

"那座山正当顶上，有一块仙石。其石有三丈六尺五寸高，有二丈四尺围圆。三丈六尺五寸高，按周天三百六十五度；二丈四尺围圆，按政历二十四气。上有九窍八孔，按九宫八卦。"

这块石头的高度，正合周天三百六十五度。这"365"，就是中国古代一周天（即一周）的度数。至于"政历二十四气""九宫八卦"等说法，后面我们再解释。

一个圆周的度数古今为什么不一样呢？这两种说法又是怎么来的呢？一提到"365"，我们立刻就会产生疑问：这是不是一年的天数？是的，它的确与一年的天数有关。地球绕太阳公转一周是 365 天多一点。古人当然不知道地球绕着太阳公转这回事，只是看到了太阳东升西落。但古代天文学家早就发现，太阳除了每天东升西落以外，还会在星空背景上慢慢移动。这是地球绕着太阳公转造成的。但是因为我们身处地球这个移动的平台上看太阳，所以就感觉太阳仿佛在绕着地球转动一样，且一年转一圈。怎么才能看到太阳在星空背景上慢慢移动呢？当然，白天我们是看不到星星的，但是当太阳落山后或升起前，我们可以观察它附近星星的变化，进而推测到它的这种运动。而且古人发现，太阳走过的路线是一个和赤道斜交的大圆，并且给这条路线取名叫"黄道"。太阳在黄道上走一圈是365天多一点（现在叫"太阳周年视运动"），于是古人就把一周天分为365度，这样太阳一天正好走1度，计算起来省事。

现在我们采用的圆周360度标准，是从西方传入的。其实，它最早估计也是从太阳周年视运动这儿来的，只是后来去掉了零头，改为了整十数，因为360可以被2、3、4、5、6等整除，用起来非常方便，于是成了现在世界公认的圆周度数。

知 识 卡 片

宣夜说 也是中国古代的一种宇宙结构学说。按照盖天说、浑天说，日月星辰都有一个依靠，即附在天盖或天球上，跟着天盖或天球一起运动。而宣夜说认为日月星辰自然飘浮在虚空之中，在"气"的推动下运动，而且日月星辰也是由气组成的，是一团团会发光的气。因为都是气，所以天不会塌下来，天体也不会掉下来。这种说法很奇妙，但是因为建不出模型，也无法量化研究，所以在古代并不受重视。但到了今天，人们惊异地发现，宣夜说竟和现代人认识到的宇宙图景有相似之处，所以该学说现在得到了空前的重视，被提高到了与盖天说、浑天说并列的高度。

4. 海陆分布：海内海外四大部洲

《西游记》第一回的开头，在写石猴出世前，是这样写时空背景的：

原文赏析

感盘古开辟，三皇治世，五帝定伦，世界之间，遂分为四大部洲：曰东胜神洲，曰西牛贺洲，曰南赡部洲，曰北俱芦洲。这部书单表东胜神洲。海外有一国土，名曰傲来国。国近大海，海中有一座名山，唤为花果山。此山乃十洲之祖脉，三岛之来龙，自开清浊而立，鸿濛判后而成。真个好山！……

这段话先说盘古开天辟地，后面又补充"开清浊而立，鸿濛判后而成"，但给我们印象最深的是，里面提到了世界分为"四大部洲"。"洲"是指海洋中的巨大陆地，这等于是说浑天中漂浮在海洋上的陆地，实际上有四块，就像今天的七大洲一样，它们被海洋包围着。

"四大部洲"来自佛教

《西游记》中把世界分成四大部洲的说法来自佛教。其实"世界"一词也是来自佛教，佛家把过去、现在、未来这不断流逝的时间叫作"世"，把东西、南北、上下的三维空间叫作"界"，整个时空就称为世界（我国古代则称"宇宙"，古籍《尸子》中有"四方上下曰宇，往古来今曰宙"的说法），然后认为人们居住的陆地有四块，分别叫作东胜神洲、西牛贺洲、南瞻部洲、北俱芦洲。

这四大部洲分布在须弥山的四方，所以前面加上方位词"东、西、南、北"。东胜神洲本来叫"东胜身洲"，花果山就在这里，因为中国传说中有东海十洲三岛，是神仙生活之地，于是《西游记》的作者基于这种联想，把它改成"东胜神洲"。西牛贺洲是西天极乐世界所在地，唐僧就是到那里去取经的；另外，孙悟空当初去求仙访道，漂洋过海找到的菩提老祖，也住在西牛贺洲。而南瞻部洲，佛经说这里地形极其复杂，有雪山大河，有四季变化，还说大唐就在南瞻部洲，所以才引出唐僧来西天取经的故事，取经是为了度化这里的众生。至于北俱芦洲，当然是在须弥山的北方了。

中国本土的"九州""海内"

我们的先人对大地的认识，没有佛教几大洲的概念。

他们认为，浑天里面的陆地基本上是一整块，我们就生活在这块陆地最中间的部分，所以叫"中国"；世界的中心是中原一带，具体的中心点是河南省登封市，登封被称作"天地之中"。现在，登封"天地之中"历史建筑群已经成为世界文化遗产。

至于我们先人居住的这一大片区域，古人为了方便区分，按大致八个方位再加上中原，共划分成九个区域，称作"九州"。据《尚书·禹贡》的记载，九州分别是冀州、兖州、青州、徐州、扬州、荆州、豫州、梁州、雍州。

这些州后来又有所扩展，比如扩展为十二州，且都成了地名。再后来，"州"成为行政区划的一级，甚至成为地名常用字了。这类地名在四大名著里随处可见，光看回目便知，比如《三国演义》第十二回"陶恭祖三让徐州 曹孟德大战吕布"、《水浒传》第三十四回"镇三山大闹青州道 霹雳火夜走瓦砾场"《红楼梦》第二回"贾夫人仙逝扬州城 冷子兴演说荣国府"等。

古人认为，九州以外是少数民族生活的地方，尚未开化，但仍是中央政权的藩属。再往外就是大海了，分别称作东海、北海、南海、西海。中国四面环海，因此称国内为"海内"。《三国演义》第十七回写道，"昔汉高祖不过泗上一亭长，而有天下。今历年四百，气数已尽，海内鼎沸"，这里的"海内"就是指全国。

与"海内"对应的是"海外"，即四海之外，估计只是一些小岛国或半岛，不会有太大的陆块了。《红楼梦》中贾探春的判词"清明涕送江边望，千里东风一梦遥"就点明了探春是乘船远嫁海外，可能是嫁到南海一带与朝廷和亲的某一小国做王妃了。

贰 月宫广寒 日出扶桑

这一讲，我们的重点是太阳和月亮。太阳和月亮是天上两个最大最亮的天体，也是与我们每天的生活关系最密切的天体，因为我们差不多每天都会看到或提到太阳和月亮。小说类文学作品都是讲故事，所以经常要提到太阳和月亮。四大名著里写到太阳和月亮的地方非常多。比如在《西游记》中，唐僧说过"悟空，你看那日落西山藏火镜，月升东海现冰轮"，《水浒传》里有"看看天色又晚，但见：火轮低坠，玉镜将悬"的句子，都是描写天色已晚，红日西沉、明月东升的景象。关于这样的例子我们不再多举了。下面主要通过四大名著中的几个故事，引出与太阳和月亮有关的一些神话及天文知识。

1. 太阴星君：嫦娥奔月羽化登仙

　　月亮是地球的一颗卫星，比地球小得多，直径只有地球的1/4。它绕着地球转动，转一圈就是一个月。而太阳是一颗火热的恒星，比地球大得多，直径是地球的109倍。地球绕着太阳转，转一圈是一年。这样看来，月亮和太阳完全是不同量级的天体。但是古人不知道这些，他们只是根据看到的大小和亮度认为它们最重

◎ 古人对月亮的想象

要。其实现在我们也可以说，它们是对人类最重要的两个天体。

月亮是离我们最近的天然天体，所以我们先从月亮讲起。

当圆圆的月亮升起的时候，我们会看到月面有一些模模糊糊的阴影。这些阴影是什么？我们实在是看不清，因为它们太模糊、太细微了。月亮虽然离我们比较近，猛看起来仿佛很大，但其实它在我们眼底映出的圆面，只相当于我们读书时看到的句号那么大。如果书中的句号里有个图案，你能看清楚是什么吗？肯定看不清。同样，月面上的阴影到底是什么，尽管我们使劲"睁大慧眼"，也还是看不清。古人也早就注意到了月亮上面的这些阴影，他们发挥了自己的想象，把这些阴影看成是一只兔子、一棵桂树，或者宫殿等。《西游记》里有一个著名的玉兔精下凡的故事，就是从这种想象引发的。

知 识 卡 片

月亮上的"海" 400多年前，意大利著名科学家伽利略用他自制的望远镜第一次观察月亮的时候，想分辨清楚这些阴影是什么，但他还是看不太清。于是他参照地球的海陆分布，认为这些阴影一定是月亮上的海洋，便称之为"海"。后来人们用更大倍数的望远镜观察，才发现这些"海"其实是一片片平坦而暗淡的平原区。但这一名称还是保留了下来，我们现在还是称它们为"月海"。

玉兔精下凡扮公主

《西游记》第九十三至九十五回，讲的是著名的玉兔精下凡的故事，这是唐僧师徒去西天取经路上遇到的最后一个妖怪。故事的梗概是这样的：

唐僧师徒来到天竺国都城时，正赶上公主搭彩楼抛绣球招亲，结果唐僧被绣球砸中，选为驸马，唐僧慌得赶忙推辞。而孙悟空看那公主头顶上露出一点妖氛，分明是个假的，便上前揪住公主骂道："好孽畜！你在这皇宫享受也就够了，还嫌不足，要骗我师父！"那妖精见事机败露，使劲挣脱了，取出一根短棍子，转过身与孙悟空打了起来，一直杀到半空。渐渐那妖怪敌不过，孙悟空正要几棒把妖怪打死时，忽听得半空有人高叫："大圣，莫动手！莫动手！棍下留情！"孙悟空回头一看，原来是太阴星君带着嫦娥仙子，驾彩云来了。

这太阴星君是什么神？原来，与太阳相对，古人还把月亮叫作"太阴"。那时的人认为天体都是神，或者由神来管辖，于是管月亮的神就叫"太阴星君"。

这太阴星君向孙悟空解释说：这个妖邪，就是月宫中捣仙药的玉兔。十八年前，一位叫素娥的侍女，不知和玉兔有了什么恩怨，她打了玉兔一巴掌，怕遭报复，于是偷偷下凡，转世投胎成为天竺国公主。这玉兔也怀恨在心，私自下界，驾一阵风掳走了素娥投生的公主，把她扔在野外，自己则变成公主的模样，入宫享福。如今知道了唐僧取经要路经天竺国，她又想招唐僧为夫，结果被孙悟空识破，才引出这场大战。

悟空听了这些，才同意太阴星君将玉兔精收回，于是那怪打了个滚，现了原身——一只雪白的大仙兔。于是太阴星君引嫦娥、玉兔等回到月宫。

后来，大家在都城外六十里的布金禅寺找到了真公主，国王亲驾把公主接回，这个故事才算圆满结束。

神仙住所广寒宫

前面的故事明显是来自古代很早就流传的月宫神话传说，其中有包括"嫦娥奔月""吴刚伐桂""玉兔捣药"等在内的一系列故事。

嫦娥奔月的完整故事最早见于西汉时期成书的《淮南子》，大意是说：姮娥是神话中尧帝手下的神射手后羿的妻子，非常美丽。有一次，后羿从西王母那里得到了不死之药，放在家里还没等吃呢，姮娥成仙心切，趁着后羿不注意就偷来吃了。姮娥吃药后，顿觉身体轻健，飘飘然成为仙人，慢慢飞向月亮，从此她就一个人住在月宫里了。

那"姮娥"后来为什么改作"嫦娥"了呢？原来古代有"避讳"一说，对于当朝皇帝的姓名及其谐音，人们是不能说也不能写的。这飞向月宫的仙女本来叫"姮娥"，但因为汉朝出了个皇帝叫刘恒，从那以后，姮娥就被改了姓，成了"嫦娥"。"恒"和"常"的意思还

◎ 嫦娥奔月

是差不多的，但是音不同，这就"避讳"了。后来"嫦娥"这一名字被沿用下来，我们都习惯叫她"嫦娥"了，只是个别时候称"姮娥"。

后来，有关嫦娥的故事越补充越多，说月亮上有一只大蟾蜍，月宫前有一棵高大的桂树，下面待着一只玉兔，这只玉兔很辛苦，每天都用一根木杵在石臼里捣仙药。所以《西游记》里月宫的玉兔精下凡成怪时，用的兵器就是捣药杵。由于兔子在人们心中一直是呆萌可爱的形象，所以月宫里的玉兔也是一只可爱的仙兔，《西游记》里写玉兔精时，还专门说她"头顶上微露出一点妖氛，却也不十分凶恶"。

后来人们还补充了吴刚的故事，说有个人姓吴名刚，因为学仙时犯了过错，于是被惩罚到月宫去砍伐桂树。

那桂树因为是仙树，所以长得特别快，吴刚砍下去的斧头刚举起来，被砍的缺口就又长好了。这样，吴刚只好一刻不停地砍下去。这就是以嫦娥奔月为主线，以玉兔和吴刚为配角，以桂树、月宫、蟾蜍为道具的月宫神话故事。当然，在《西游记》里，作者又给月宫增加了一位太阴星君，作为管理月亮的大神。

《红楼梦》第七十六回写林黛玉和史湘云在中秋夜赏月联句，其中有这么几句：

（黛）宝婺情孤洁，（湘）银蟾气吐吞。

（湘）药经灵兔捣，（黛）人向广寒奔。

（黛）犯斗邀牛女，（湘）乘槎待帝孙。

（湘）虚盈轮莫定，（黛）晦朔魄空存。

所谓联句，是古代文人一种互动的作诗方式，是一人说上句，另一人根据对仗规则对出下句，然后其再出一上句，再由别人对下句，依此连环下去。《红楼梦》中多处出现的联句诗都是这种形式。上面的几句诗，"银蟾"指月亮，因为月亮上有蟾蜍，所以诗人常用蟾蜍代指月亮，月亮是银白色，所以称银蟾，"气吐吞"是指在那儿呼吸；"药经灵兔捣"当然是说的玉兔捣药；"人向广寒奔"更好懂了，显然是指嫦娥偷吃灵药飞向广寒宫的事。

上面的诗句，最后两句"虚盈轮莫定，晦朔魄空存"是说月亮的盈亏变化，我们下一节再详细解释。至于另外几句中的"宝婺""牛女""帝孙"等都是天上的星宿，

我们把它们放在后面"三垣四象　星斗天河"一讲中
介绍。

天蓬元帅戏嫦娥

　　《西游记》里，猪八戒还和月中嫦娥有一段不解之
缘。原来，他最早并不是猪的模样。第八回写观音菩萨
与徒弟惠岸行者去东土物色取经人，在路上遇到一个妖
魔，经过徒弟与他的一番打斗，才知道这妖魔的前身也
是一位天神，是管理天河水兵的天蓬元帅，只因为喝醉
了酒，去月宫里戏弄嫦娥，犯了天条，才被贬下人间。
在第十九回，猪八戒向孙悟空介绍自己时，还有补充：
按天庭的法律，天蓬元帅应该被处决，是太白金星向玉
帝求情，才免了天蓬一死，改为重责二千锤，放生人间
投胎。不料他错投到了母猪胎里，生成了猪的模样，因
此自己取名"猪刚鬣"；皈依观音菩萨保唐僧取经时，
才又取名"八戒"。

　　《西游记》后来讲的玉兔精下凡的故事，写太阴星
君收了玉兔，领着嫦娥仙子一行人在天竺国皇宫的半空
现身时，作者也没忘了拿猪八戒开心一下，说他看到嫦
娥，忍不住动了旧情，又上前动手动脚的。孙悟空赶紧
上前揪住猪八戒，打了他两巴掌，骂道："你这个村泼
呆子！这是什么地方，你敢动淫心！"猪八戒还想追时，
被孙悟空一把揪倒，趴在地上，才算了事。

2. 月照人间：圆缺朔望周而复始

月亮最引人注目的地方，是它忽圆忽缺的变化。古人应该是在注意到月亮的同时就知道它有盈亏现象了，而且还发现，这种月相的变化有非常固定的周期，于是把这一周期也称作"月"，就是我们现在说的农历月，这是历法的一个重要单位。

在一个农历月份中，不同的日子里月亮的圆缺情况是很固定的，出现在天空的方位也是有规律的，这在四大名著中都有相当准确的描写。这一节我们就通过这些描写来破解一下关于月相变化的天文密码。

月亮的盈亏规律

先看《西游记》第三十六回写唐僧师徒四众在乌鸡国的宝林寺入住，当夜唐僧走出旁门，只见一轮明月当空，便唤徒弟一起出来赏月。唐僧仰望圆月，怀念东土，随口吟了几句诗，但孙悟空却对月相做了一番很科学的解释：

🔖 原文赏析

行者闻言，近前答曰："师父呵，
你只知月色光华，心怀故里，更不知月
中之意，乃先天法象之规绳也。月至

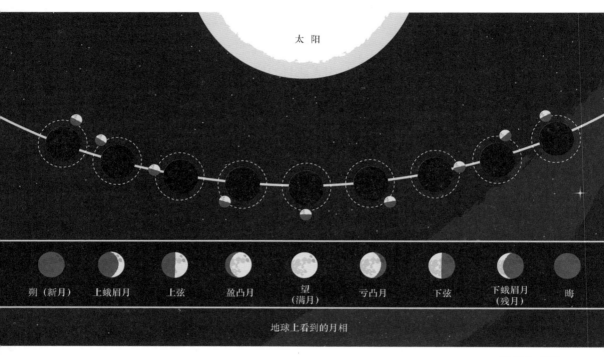

太阳

| 朔（新月） | 上蛾眉月 | 上弦 | 盈凸月 | 望（满月） | 亏凸月 | 下弦 | 下蛾眉月（残月） | 晦 |

地球上看到的月相

◎ 月相的成因

三十日，阳魂之金散尽，阴魄之水盈轮，
故纯黑而无光，乃曰'晦'。此时与日
相交，在晦朔两日之间，感阳光而有孕。
至初三日一阳现，初八日二阳生，魄中
魂半，其平如绳，故曰'上弦'。至今
十五日，三阳备足，是以团圆，故曰'望'。
至十六日一阴生，二十二日二阴生，此
时魂中魄半，其平如绳，故曰'下弦'。
至三十日三阴备足，亦当晦。"

悟空这段话，把一个月内的月相变化解释得很清楚，月相是按朔—上弦—望—下弦—晦的周期变化的。月末最后一天称"晦"，这时月面纯黑无光；接下来是新月份的第一天，称"朔"，这天是日月相合，月亮还是消失不见，历法规定这天是农历的初一，一个新的月相周期开始。

到了初三这天，太阳落山后，向西看，在低低的天空中可以明显看到一弯月牙了，古人把这叫"一阳生"；以后这月牙越来越宽、越来越亮，到了初八，已经长成半圆了，古人想象它是一把带弦的弓，称"上弦"，这时是"二阳生"；到了农历十五，月相成为正圆，是"三阳生"；然后十六日一阴生，二十二日二阴生，到三十那天三阴生，又是晦日了。孙悟空说的"魂"指月面明

知 识 卡 片

"朔"字　日月相合这一天，古人造了"朔"字来表示，朔字的左边取自"逆"字，右边是"月"，所以这个字的意思就是"逆月"，表明月相的一个周期结束，仿佛又逆行回到开端。

"望"字　月亮在太阳的正对面的时刻，形状最圆，称作"望"。"望"字的本义，是一个人站在土堆上抬头看月亮——"远看"的意思。因为人们最喜欢在月圆时端详欣赏月面，所以后来人们用"望"字表示"月圆之日"。

"月"字　朔与上弦之间、下弦与晦之间出现的弯月分别叫作"上蛾眉月"和"下蛾眉月（残月）"。由于望日的圆月状态只能维持两三天，所以人们平时看到的多是残缺不圆的月亮，其中"月牙"给人的印象尤其深刻，所以一提到月亮，人们常常先想到的是月牙，汉字"月"的造型就是来自月牙的形状。

亮的部分，"魄"指月面黑暗的部分。"一阳生""二阳生"等是中国传统科学的概念，现代天文学已不用这些词，但古人创造的"晦""朔""望""上弦""下弦"一直到今天还在使用。

几处月相的描写

下面我们看看《水浒传》中的几处月相描写。第一百回："是日天晚，已是暮霞敛彩，新月垂钩。"这写得非常准确，晚上日落后，出现在西边天空伴随晚霞的月亮，一定是一钩弯月，称"新月"（古诗文中的"新月"常常指"蛾眉月"），这一定是农历初三到初六的月相，弯月的凸面朝向太阳方向。

第四十二回"还道村受三卷天书　宋公明遇九天玄女"，写宋江刚上梁山时，回家接老父亲上山，不料遇上官兵追赶。他夜间借着一轮明月的照耀，逃到还道村的九天玄女庙躲起来，得到了九天玄女授的三卷天书。随后他走出庙门一看，"月影正午，料是三更时分"。这也很准确，既然是"一轮明月"，当是农历十五前后，这时的圆月是在日落时从东方升起，到半夜时转到正南方，正符合"月影正午，料是三更时分"（三更即子夜前后）。

第九十四回有这样的话："军人回报：'目今月明如昼，待月晦进兵，务使敌人不觉为妙。'""月明如昼"也是农历十五前后，这时的月光不适合夜间偷袭，需等到晦日的月黑夜，才能神不知鬼不觉地进兵。这些例子都说明作者对天文历法是很精通的。

当然，《水浒传》中偶然也有顾此失彼之处，比如第四十三回写李逵下山，先写李逵"趁五更晓星残月，霞光明朗，便投村里去"，回家接走了老娘，晚上背着老娘上山，"娘儿两个趁着星明月朗，一步步捱上岭来"。五更（凌晨 3 到 5 点）时看到的是东方的残月，到了晚上带娘上山，这时候天上不可能有月亮，更谈不上"星明月朗"。

知 识 卡 片

上蛾眉月和残月都是弯月，如何区分呢？其实它们的特征很明显：在北半球，我们看到的残月总是向左凸出，与"残"字拼音中的"C"一样；形状相反的则是上蛾眉月。还有一个区分方法：黄昏后出现在西天，比太阳迟几小时落下的是上蛾眉月；黎明前出现在东天，比太阳提前升起的是残月。也就是说，弯月总是不离太阳左右，弯面朝向太阳。月相与农历日期、月亮在天空的方位都是有固定关系的，不能随意想象。

我们再举一个《红楼梦》的例子。《红楼梦》叙述故事时，特别注意写故事发生的日期，有时候前后的日子都交代得清清楚楚。如第五十一回"薛小妹新编怀古诗 胡庸医乱用虎狼药"里有一段写麝月半夜出去赏月，晴雯没穿外衣出去想吓唬她，结果自己着凉的故事，对月色的描写是这样的：

原文赏析

至三更以后，宝玉睡梦之中，便叫袭人。叫了两声，无人答应，自己醒了，方想起袭人不在家……麝月笑道："你们两个别睡，说着话儿，我出去走走回来。"晴雯笑道："外头有个鬼等着你呢！"宝玉道："外头自然有大月亮的，我们说话，你只管去。"一面说，一面便嗽了两声。

麝月便开了后门，揭起毡帘一看，果然好月色。晴雯等他出去，便欲唬他玩耍。仗着素日比别人气壮，不畏寒冷，也不披衣，只穿着小袄，便蹑手蹑脚的下了熏笼，随后出来。宝玉笑劝道："看冻着，不是玩的。"晴雯只摆手，随后出了房门。只见月光如水，忽然一阵微风，只觉侵肌透骨，不禁毛骨悚然。

对照前几回看，这里所写都不是空穴来风。前两回宝玉曾说："明儿十六，咱们可该起社了。"按这个日期往下走，推算下来麝月赏月这天是十月十九，在三更时分，月相是较大的亏凸月，在东南方向，很亮，而且是十月中旬，天确实已经很冷了。

明月几时有　把酒问青天

北宋大文学家苏轼有一篇著名的词《水调歌头·明月几时有》：

明月几时有？把酒问青天。不知天上宫阙，今夕是何年。我欲乘风归去，又恐琼楼玉宇，高处不胜寒。起舞弄清影，何似在人间。

转朱阁，低绮户，照无眠。不应有恨，何事长向别时圆？人有悲欢离合，月有阴晴圆缺，此事古难全。但愿人长久，千里共婵娟。

这首词在《水浒传》第三十回"施恩三入死囚牢　武松大闹飞云浦"中曾全文引用。武松因为杀了害死他哥哥的潘金莲，被发配到孟州；后又醉打蒋门神，被蒋门神设计谋，让一个官员张都监假意重用武松，好伺机陷害。八月中秋之夜，张都监设宴鸳鸯楼，请武松饮酒；赏月赏到兴头，叫一个女孩出来唱曲，唱的就是这首《水调歌头》。

苏轼这首词就是他在一个中秋之夜，饮酒大醉而作的，全篇都是围绕月亮而写，很有意境，所以我们这里将这首词与朋友们分享一下。

词的开头就劈空发问：从什么时候开始，就有了普照人间的明月？我端着酒杯问青天。不知天上的仙宫，今天是何年何月何日。我真想乘风回到天上，又怕经受不住那里的寒冷。那么我就在这清朗的月下翩翩起舞吧，寒冷的仙宫，哪里比得上人间！

然后词就转为写对远方亲人的深切怀念之情了。他说，月光依次扫过朱红色的楼阁、绮丽的门窗，照着我这长夜难眠的人。我不该有怨恨吧？可月亮是不是故意和我过不去呢？干吗在我和亲人分隔两地时，它却这么圆呢？接着，词人又自我宽解：人生的遭遇中总有悲欢离合的时候，月亮在运转时也会不断出现盈亏圆缺。自古以来，哪有十全十美的事啊！最后，词人由矛盾、消极的态度转向豁达，通过明月向亲人祝愿：但愿我们都能健康长在，虽然远隔千里，仍能共同拥有这美丽的月光。

这首词是苏轼的代表作，意境清新，立意高远，境界壮美，历来被公认为中秋词中的绝唱。《水浒传》全文引用该词，可见当时人们对这首词的传唱之盛。

3. 潮汐涨落：月上天 潮涨滩

大海有一种特别的涨落现象，久在海边的人会发现：海水每天都会有规律地上涨和下落，这就是潮汐。有时候，特殊的地理环境会形成壮观的大潮（如钱塘江大潮，也叫钱塘江涌潮），成为特别的景观。

潮涨潮落月牵引

潮汐是大海自己的涨落，但是它的起因却与几十万千米之外的月亮有关。古人很早就注意到了潮汐现象与月亮的关系，发现潮水的涨落与月亮在天上的位置有关。谚语说："月上天，潮涨滩。"它指的是月亮在上中天（升的最高）时，潮水也涨得最高。

《水浒传》写鲁智深在钱塘江边的六和寺里睡到半夜，忽然听到外面战鼓声响成一片，于是提了禅杖要出去厮杀。后来听众僧解释，他才知道这是钱塘江大潮的涛声。众僧说："今朝是八月十五日，合当三更子时潮来。因不失信，谓之潮信。"八月十五是月圆之日，半夜子时月亮在上中天，潮水必定在这个时刻涌来，不可能早，也不可能晚，因为永不失信，所以叫"潮信"。

知 识 卡 片

潮汐的起因 一般人们常以为，海水的涨潮由月球的引力引发，其实这是不准确的。严格说来，潮水由月球对地球的引潮力引发（太阳的作用很小）。这是两个天体在万有引力的作用下互相绕转时形成的一种特殊的力。比如月球绕着地球转时，其实是地球和月球互相绕着转，这样地球上各处受到月球的引力的同时，还因为绕转而产生一股反向的离心力，而这两种力的合力就是引潮力。在后页图中，当月球在上中天时，A点离月球最近，确实月球的引力最大，于是地球正面的海水被月球多出来的引力吸上去了；当月球在下中天时，B点离月球最远，月球的引力最小，而地球绕转产生的反向离心力是固定的，引力小了，于是这里的海水就被多出来的离心力甩出去了。所以地球海洋上的高潮一定只有两处，一处正对着月球，另一处正背着月球，随着地球的自转，海水就产生大规模流动。当然这里说的是理想状况，实际上由于纬度、地形、太阳的影响等原因，潮汐的变化是非常复杂的。

壮观的钱塘江大潮

由潮水的成因我们知道，典型潮汐的规律是一天出现两次，每天月亮在上中天、下中天（转到地球的背面最低处）时是潮水最高的时刻，月升、月落时潮水则最低。

那么钱塘江的潮水为什么会成为一景呢？因为它太特殊了，尤其是八月中旬的大潮，可以说是世界著名的景观。这里的原因有两个：一个是太阳和月亮引潮力的叠加，另一个是杭州湾喇叭口形的地理结构。

太阳对地球也有引潮力，不过太阳离地球太远了，所以引潮力只有月亮的一半不到，只能对月亮引发的潮汐起到推波助澜或者部分遏制的作用。在初一和十五前后，太阳、月亮与地球在一条直线上，这时候它们的引潮力会叠加，就形成大潮。而在上弦、下弦前后，太阳和月亮相对于地球成直角，引潮力会部分抵消，形成小潮。

所以，在我国沿海，一般情况下，朔、望日大潮可以高达 81 厘米。可是钱塘江大潮十分奇特，高潮汹涌而来，浪高常有 2 ~ 3 米，这是为什么呢？这与钱塘江河口得天独厚的地理环境有关。钱塘江河口外是杭州湾，它是一个巨大的喇叭形海湾，从"海口"到河口宽度迅速缩小，所以潮水进入杭州湾后，路越走越窄，潮水就越涌越高，形成了 3 米左右高的水墙，以每秒 4 ~ 8 米的速度浩浩荡荡向上游挺进，声如惊雷，十分壮观。

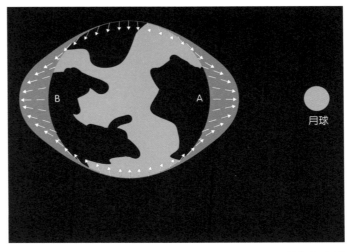

◎ 潮汐的成因

《水浒传》第一回讲到洪太尉硬要打开伏魔殿地穴，结果一股黑气哗啦啦冲出来，书中的比喻是"恰似：天摧地塌，岳撼山崩。钱塘江上，潮头浪拥出海门来"。从这个比喻我们也可以想象出这大潮的气势。

杭州人为此很早就设了"观潮节"。到了中秋，浙北沿海以东风为主，风助水势，会激起更大的潮头。但是由于海底摩擦阻力等原因，最高潮的日子一般要晚到两三天，于是人们就把观潮节定在"八月十八"。这个节还成为一个盛大的地方性节日。每到这天，杭州人倾城而出，沿江等待大潮的到来。

4. 太阳神话：后羿射日地生汤泉

与光线柔和、清凉静美的月亮相比，太阳火热刺眼，让我们几乎不敢直视，但正是太阳的光和热给大地带来了生机。所以，无论是古代还是现代，在人们眼中，太阳的重要性都远远超过月亮。古人创造的太阳神话也充满了阳刚之美，与人类的命运密切相关。

太阳星君

与太阴星君对应，古人想象的管理太阳的神仙叫"太阳星君"。《西游记》里就曾多次提到太阳星君，比如第五回"乱蟠桃大圣偷丹 反天宫诸神捉怪"，讲述托塔李天王带领各路神仙、十万天兵去捉拿逃回花果山的孙悟空，其中"九曜星"各位神将的出场就很"拉风"：

"李托塔中军掌号，恶哪吒前部先锋。罗睺星为头检点，计都星随后峥嵘。太阴星精神抖擞，太阳星照耀分明。五行星偏能豪杰，九曜星最喜相争。"

这都说的是什么？原来这里包含九个天体：日、月、火、水、木、金、土、罗睺、计都。这九个天体安排为一组，称"九曜"。这种说法来自印度的梵历，其于唐朝传入我国，翻译成中文后，成书称《九执历》。其中火、水、木、金、土星是肉眼能看到的五大行星，罗睺、计都是两个假想天体，这些我们会在下一讲介绍。

后羿射日

我们的先人创造的神话中，"后羿射日"与人类的命运密切相关。

传说远古时候，天空曾有十个太阳，它们都是东方天帝的儿子，每个太阳里有一只三足的乌鸦，因此可以用乌鸦代表太阳。这十个太阳住在东方海外，海边有棵巨大的树，叫"扶桑"。其中九个太阳每天睡在扶桑枝条的底下，另一个睡在树梢上。早上，睡在树梢上的太阳出来升上天空执勤，照耀大地。人们日出而耕，日落而息，感恩太阳们给他们带来的光明和生机，天地万物一片和谐。晚上，轮到另一个太阳睡在树梢上，第二天来执勤，如此往复。

可是有一次，十个太阳想要一起周游天空，觉得这样肯定很有趣。于是，它们就在一天早晨一起升上了天空。这下，十个大火球在天空照耀，大地变得炎热难耐，禾苗草木很快就被烤焦了，然后森林开始起火燃烧，最后河湖干枯，海水沸腾，人们在炽热火海中苦苦挣扎，祈求上苍派神仙来解救他们。

这时，神射手后羿站出来了，他箭法超群，百发百中。为了拯救世界，他登上了一座大山，拉开了他的巨弓，搭上利箭，瞄准天上一个个火辣的太阳，"嗖嗖"地一箭又一箭，一连射掉了九个太阳，它们化作死乌鸦一个个落到地上，光和热渐渐消失了。最后只剩下一个太阳，安分守己地每天东升西落，为大地和万物继续贡献着光和热。

《西游记》中有一段故事与后羿射日有关。第七十二回，说到唐僧师徒取经路过一座盘丝岭，岭下有

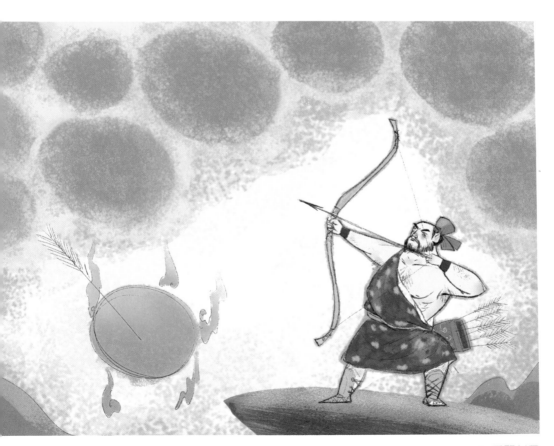

❀ 后羿射日

山洞叫盘丝洞，洞里住着七个妖精。山外有一座温泉，叫濯垢泉，是这些妖精每天洗澡的地方。这温泉的来历很特殊，我们知道一般的温泉都是地热形成的，但这处温泉却是"天热"形成的，说是开天辟地后，太阳有十个，"后被羿善开弓，射落九乌坠地，止存金乌一星，乃太阳之真火也。天地有九处汤泉，俱是众乌所化"。盘丝洞的濯垢泉就是其中的一个。

也就是说，中华大地上有九处温泉，它们是后羿射日时掉下来的太阳形成的。这九个太阳虽陨落了，但它们的余热烧开了地下水，形成了热气腾腾的温泉，留给后世，造福人类。这真是古人的一种奇妙想象。

5. 太阳运行：金乌腾晓坠落西海

日出扶桑的描写

在后羿射日的神话中，说到每晚都有一个太阳在东海边的巨树扶桑的树梢上休息，每天早晨它会从树梢上冉冉升起。这常被后人当作典故使用，在四大名著中也见于多处。如《水浒传》第十四回写天色渐渐放亮直到日出时，用了一段诗句形容：

"但见：北斗初横，东方欲白。天涯曙色才分，海角残星暂落。……几缕晓霞横碧汉，一轮红日上扶桑。"

这写的是，首先北斗星都横过来了，然后东方露出白色，星星消失，最后是彩霞映天，一轮红日从东方的扶桑树上冉冉升起了。

《西游记》第三十七回写到乌鸡国被害的国王阴魂托梦向唐僧诉说冤屈，于是悟空设计，准备第二天去见太子说明真相，"师徒们一夜那曾得睡。盼到天明，恨不得点头唤出扶桑日，喷气吹散满天星"，这里写出了盼望天亮的急切心情。

神话中太阳走的路线

在完整的太阳神话中，太阳每天升起落下的路径都是有固定站点的。先是东方海外有一个深谷，叫"旸谷"，这是太阳准备出发的地方。旸谷边有一巨大的咸水湖，称"咸池"，太阳升起前要先在咸池里洗个澡。旸谷上方有一棵巨树，就是"扶桑"，太阳就从这里升起。随后，由"羲和"驾驶的、六条龙拉着的神车载着太阳缓缓上升，天就大亮了。然后，太阳慢慢经过中天，是正午。下午，太阳慢慢向西滑去，离日落的地方越来越近。日落之处也是一个巨大的水潭，叫"虞渊"；旁边也是一棵巨树，叫作"若木"。太阳经过这些地方，慢慢降落在一座叫"崦嵫"的大山后面，结束了它一天的旅行。

旸谷即"阳谷"，这样看来，《水浒传》里写的武松打虎的发生地阳谷县，地理位置在山东，正是我国的东部，它的名字很可能也来自旸谷。

"日上三竿"是什么意思？

朋友们可能经常听到"日上三竿"的说法。过去的小说、诗文中常用这个成语形容早晨太阳已升得老高的样子。《红楼梦》第一回写中秋之夜，甄士隐宴请贾雨村赏月作诗，又送他盘缠进京赶考，然后就是"士隐送雨村去后，回房一觉，直至红日三竿方醒"。

《西游记》的故事里，唐太宗因为夜里梦见被斩的泾河龙王来索命，吓得一夜无眠，结果快天亮时，满朝文武官员都在门外等着上朝，"等到天明，犹不见临朝，唬得一个个惊惧踌躇。及日上三竿，方有旨意出来道：'朕心不快，众官免朝。'"

那么这"日上三竿"到底是怎么来的呢？原来，这是对太阳高度的一种"测量值"。据语言学家分析，"三竿"就是"三丈"，因为这个词有时也写成"日高三丈"，指太阳从东方升起离地平线三丈高的样子。

当然，这个高度可不是太阳离地球的"高度"，而是我们看上去太阳离开地平线的"高度角"。在现代，我们一般都用角度表示高度角，比如"太阳离地面30°"，而古人常常喜欢用长度来表示角度，一般来说，1°就是一尺，10°就是一丈（十尺）。"日高三丈""日上三竿"是传到现在的一种习惯用法。这个高度的太阳，与刚日出时比已经很高了。上面两个成语常用来形容人起床太迟。

叁 五大行星
流星陨石

宇宙间有一类天体，现在我们称它们为"太阳系天体"，包括行星、小行星、流星体、彗星等。它们的共同特点是都围绕着太阳运转。我们的先人虽然不知道这些天体是绕太阳运转的，但对它们也非常了解，有很多关于它们的记载。在四大名著中，我们也可以找到许多关于行星、流星、彗星的描写，有些如太白金星的闪亮登场、流星坠地预示大将身亡、天眼开陨石落地等，都在故事中起到了很关键的作用。

 太阳系

知 识 卡 片

太阳系 到十六世纪哥白尼提出了日心说，人们才知道地球是围绕太阳运转的，从此有了"太阳系"的概念。太阳系的中心是太阳；然后，有八颗行星围绕太阳运转；木星与火星的轨道之间有小行星带，上百万颗破碎的小行星大致在这个区域围绕太阳运转；海王星轨道外也有类似于小行星带的柯伊伯带，一些冰雪状态的小行星在这里远远地运行着；那些小行星中质量相对较大、形状接近球形的，叫矮行星；另外，还有大量的彗星环绕着太阳，它们来自遥远的太阳系边缘；小行星或彗星瓦解后形成的很小的碎块，被称作流星体，它们闯入地球大气层时，受到阻碍后高温燃烧，成为我们看到的流星或流星雨；最后，有些行星还有很多卫星在绕转——这一切就组成了太阳系。

1. 行星世界：五大行星名称多样

我们先来看看行星世界。古人很早就发现，在满天繁星中，有五颗星非常与众不同，它们不像其他星星那样保持着相对不动的位置，而是在众星中"游动"，而且它们都特别明亮，但是亮度又在不断发生着变化。我们的先辈就为这五颗特别的星星起了名字：辰星、太白、荧惑、岁星、镇星（填星）。这就是今天我们肉眼可见的水星、金星、火星、木星、土星五大行星。

行星原始名称的来历

在《三国演义》第十四回，东汉的天文官王立曾经对别人说："吾仰观天文，自去春太白犯镇星于斗牛，过天津、荧惑又逆行，与太白会于天关，金火交会，必有新天子出。"

这里的"太白"就是金星，而"镇星"是土星，"太白犯镇星"就是太白走到离镇星很近的地方，这时它们在斗、牛星宿的位置，后来又经过天津星宿。"荧惑"是火星，所谓"又逆行"，是指从东向西运动。太阳、月亮在星空背景中总是从西向东运动的，但在人们看来，行星的运动很复杂，有时从西向东，这叫"顺行"，有时从东向西，就叫"逆行"。

行星的这五个古代名称听起来有些怪，其实一解释就好懂了：

离太阳最近，总在太阳前面左右摆动，摆动角度不超一辰（古代一辰是 30°）的星，叫"辰星"；

光耀夺目，在众星中最白最亮的星，叫"太白"；

火红色、荧光闪闪的那颗星，亮度变化很大，运行方式错综复杂，很迷惑人，叫"荧惑"；

12 年运行一周天，可以用来纪岁的星，叫"岁星"；

在天上走得最慢，约 28 年（实际是 29 年半）走一周天，仿佛每年轮流坐镇或填充二十八宿的星，称"镇星"或"填星"。

响亮的"水、金、火、木、土"星

那么，现在我们使用的水星、金星、火星、木星、土星的名称，是什么时候有的呢？也很早，西汉的时候，史学家、天文学家司马迁就把五大行星配上水、金、火、木、土五行，形成另一套名称，这套名称由于响亮又好记而沿用到现在。

这套名称主要是以颜色为依据的。在古代，人们把水、金、火、木、土五行与五种颜色对应起来，对应的是黑、白、红、青、黄。所以，填星明显为黄色，就配土，称"土星"；荧惑红色，配火，称"火星"；太白配白，称"金星"；辰星比较暗，又不离太阳左右，不容易见到，于是配黑，称"水星"；最后，岁星

知 识 卡 片

　　行星　在人类历史上，人们很早就认识到天空中除了相对位置固定的恒星之外，还有五颗星在天空中的位置不固定，来回游走，好像在星空背景中行走一般，人们就称它们为行星，并分别命名为水星、金星、火星、木星和土星，它们是肉眼可见的行星。到了十六世纪，日心说取代了地心说，人类才了解到行星都是围绕着太阳运行的，并认识到地球本身也是一颗行星。发明望远镜和发现万有引力之后，人类又发现了天王星和海王星。这样，包括地球在内有八大行星围绕太阳旋转。离太阳最近的是水星，向外依次是金星、地球、火星、木星、土星、天王星、海王星。太阳与八大行星构成太阳系的主要成员。

只能配木，不管它青不青了（实际上木星也是偏向白色的）。

　　《西游记》里，唐僧师徒在取经的路上，有好几次遇到的妖怪是天神下界为妖的。天神总是代表着各路星辰，所以当孙悟空上天宫向玉皇大帝告状时，玉皇大帝总是立刻就查点各路星辰，包括太阳、太阴、水、火、木、金、土七政，罗睺、计都，二十八宿等满天星斗，看有没有思凡下界的。这里的水、火、木、金、土就是五大行星，加上日月就是"七政"，再加上罗睺、计都，叫作"九曜"。

　　《水浒传》中有两位英雄，一位叫"毛头星孔明"，另一位叫"独火星孔亮"。这里的"独火星"实际上就是火星荧惑。至于"毛头星"则是西方白虎星座中的昴星，我们放在下一讲再解释。

火德星君的故事

《三国演义》里有一个"火德星君"变化成美女考验凡人的故事，梗概如下。

刘备手下有个谋臣糜竺，他出身于富豪世家，年轻时常外出做买卖。有一次，他乘车回家时，半路上遇到一个美丽的妇人，说自己实在走不动了，要求糜竺顺路用车载她一程，于是糜竺就下车步行，把车让给这妇人坐。妇人看糜竺这样仁义，就请糜竺也上车。因为座位狭小，糜竺上车后，端坐在妇人身边，目不斜视。走了一段路后，妇人下车辞去，对糜竺说："我是南方火德星君，奉了天帝的旨意，去放火烧毁你家，恰好在这里遇上你。没想到你这么仁义正派，我真不忍心去放火，可是天帝的旨意又不能违背。这样吧，你今天赶紧回家，把财物、家小都搬出来疏散，我夜里来烧房子。"说完他就不见了。

糜竺大惊，赶紧快马加鞭回到家，将家中所有财物和人员都疏散到安全的空地上。果然，夜里厨房着了火，火势越来越大，最后房屋全被烧光了。

这个火德星君就是火星神，民间常简称为"火神"，他管理人间火灾的事。同样，木星神叫"木德星君"，水星神叫"水德星君"，等等。《西游记》曾写到太上老君骑的青牛下界为妖的故事。青牛怪捉去唐僧等人后，孙悟空见制服不了这妖怪，就上天庭先请火德星君来放火，又请水德星君来发洪水，但都没有取胜，最后是太上老君亲自前来才收服了这个妖怪。

2. 太白金星：天庭的和平使者

在五颗肉眼可见的行星中，金星最亮，实际上它在夜空中的亮度仅次于月亮，是夜间全天第二亮的自然天体，视星等可以达到 -4.7 等；在金星最亮日前后，白天都可以看到它，这时如果夜间条件良好的话，可以看到它在地面照射出的影子。

金星还有其他名称：当它在凌晨出现于东方时，因为预告黎明的到来，所以叫"启明星"；当它晚上出现于西方时，因为标志着漫漫长夜的来临，所以叫"长庚星"。当然，启明星和长庚星是不能在同一夜晚出现的，也就是说，黎明能看到启明星时，晚上就看不到长庚星，反之亦然。到西汉时期，司马迁在《史记·天官书》中改用"五行"命名五大行星；因为太白星最亮，颜色又发白，所以它被命名为"金星"，这一名称作为正式名称一直沿用到今天。

◎ 金星

知 识 卡 片

星等 在天文学领域，恒星的亮度用"星等"表示。早在古希腊时代，天文学家伊巴谷就把肉眼看到的最亮恒星定为1等，最暗恒星定为6等，中间的凭感觉依次定为2等、3等、4等、5等，这一划分方法一直沿用下来。到十九世纪中叶，科学家发现，星等每差1等，亮度就差约2.512倍，如果差5等（如1等星与6等星），亮度恰好差 $2.512^5 \approx 100$ 倍。这样，星等的数值就可以扩展，亮于1等的天体就是0等，再亮的用负数表示，暗于6等的星就用7等、8等……表示。比如，满月的星等是 -12.7 等，太阳是 -26.7 等。

"和平使者"太白金星

看过《西游记》的朋友，一定记得天庭那位叫"太白金星"的神仙。这个白胡子老头儿曾在玉皇大帝和孙悟空之间做过两次"和平使者"。

《西游记》第三回说，孙悟空被龙王、阎王等告到天庭，玉皇大帝问文武官员："这妖猴是哪里来的，怎么这么厉害，敢大闹龙宫、大闹地狱？"天神里站出千里眼、顺风耳，说："这是三百年前天产的石猴，不知在哪里修炼成仙。"于是玉皇大帝准备动用武力除掉这妖孽，但是被太白金星劝阻了。太白金星说："这石猴已经修成仙道，属于生灵了，陛下可以发点慈悲之心，把他宣上天庭来做个小官，收服了他，这才是上策。"玉皇大帝对这个主意很满意，就派太白金星下界到花果山，把孙悟空招上天庭，做了一个叫"弼马温"的小官。

孙悟空上到天庭之后，对弼马温这个官职很满意，干得正起劲，忽然听说这个官位非常小，于是大怒，认为是玉皇大帝耍弄他，便反下天庭，在花果山竖起一面大旗，自称"齐天大圣"。玉皇大帝这次决定动武了，就派托塔李天王率领哪吒太子等各路天兵下界捉拿妖猴，结果巨灵神、哪吒太子轮番上阵都被孙悟空打得大败。李天王只好回来请求玉皇大帝增兵。

原 文 赏 析

玉帝道："谅一妖猴，有多少本事，还要添兵？"太子又近前奏道："望万岁恕臣死罪！那妖猴使一条铁棒，先败了巨灵神，又打伤臣臂膊。洞门外立一竿旗，上写'齐天大圣'四字，道是封他这官职，即便休兵来投；若不是此官，还要打上灵霄宝殿也。"玉帝闻言，惊讶道："这妖猴何敢这般狂妄！着众将即刻诛之。"正说间，班部中又闪出太白金星，奏道："那妖猴只知出言，不知大小。欲加兵与他争斗，想一时不能收伏，反又劳师。不若万岁大舍恩慈，还降招安旨意，就教他做个齐天大圣。只是加他个空衔，有官无禄便了。"……

玉帝闻言道："依卿所奏。"即命降了诏书，

仍着金星领去。

可惜的是太白金星的一片好心，最后都白费了，孙悟空上天庭受封为齐天大圣后，又偷仙桃、盗仙丹、大闹天宫，要玉皇大帝让出宝座。最后是玉皇大帝请来西天如来，才把孙悟空制服，压在五行山下，引出后来保唐僧取经的故事。

救苦救难的太白金星

太白金星这位童颜鹤发的老神仙在《西游记》里人气是很旺的，到处排忧解难，有点像大慈大悲的观世音。唐僧取经时刚刚启程不久，便遇上一伙妖魔，两个普通随从被妖魔吃掉。唐僧正在危急之中，"忽然见一老叟，手持拄杖而来。走上前，用手一拂，绳索皆断，对面吹了一口气，三藏方苏"，然后又帮助唐僧找到包袱和马，引他走上大路，"那公公遂化作一阵清风，跨一只朱顶白鹤，腾空而去。只见风飘飘遗下一张简帖，书上四句颂子，颂子云：'吾乃西天太白星，特来搭救汝生灵。前行自有神徒助，莫为艰难报怨经。'"原来是太白金星把唐僧解救的。

还有一次，在第七十四回唐僧四众脱了盘丝洞之难，

来到了狮驼岭前，见到一位鬓发皆白的老者，手持龙头拐杖，远远地站在山坡上高呼前面有妖魔，让他们做好准备。忽然这老者不见了，孙悟空驾云赶上看时，原来又是太白金星，刚才是他假扮成老者来报信的。

太白金星还救过猪八戒的前身天蓬元帅的命呢！那次孙悟空在高老庄捉拿猪八戒时，打斗中，猪八戒报自己的来历时念了一段诗：

"只因王母会蟠桃，……扯住嫦娥要陪歇。……却被诸神拿住我，酒在心头还不怯。押赴灵霄见玉皇，依律问成该处决。多亏太白李金星，出班俯囟亲言说。改刑重责二千锤，肉绽皮开骨将折。放生遭贬出天关，福陵山下图家业。我因有罪错投胎，俗名唤做猪刚鬣。"

另外，第四十四回在车迟国，一群和尚受三个妖道欺压虐待，正无出头之日、求死不成时，梦见太白金星告诉他们，不久后会有一个雷公模样、惯使金箍棒的孙行者来救他们。看来太白金星真是神仙界的一个难得的大好人。

3. 东方朔：木星下凡机智诙谐

木星是五颗行星中平均亮度仅次于金星的天体，最亮的时候为 –2.9 等（偶尔火星的亮度会超过木星的亮度），比夜空中最亮的恒星天狼星还要亮。它还是太阳系中体积和质量最大的行星，直径是地球的 11 倍，绕太阳一周大约需要 12 年。

◎ 木星

岁星和太岁

古人对木星很重视，把它叫作"岁星"。"岁"和年是一个意思，因为古人发现木星在天空走得既不快也不慢，恰好 12 "岁"在黄道上走一圈，而 12 是个既整齐又好分割的数，于是人们把黄道的一圈分成 12 份，木星每年恰好走一份。这样，木星就能像 12 属相那样用来纪岁了，因此称作"岁星"。

除了岁星，还有"太岁"。《水浒传》里就多次出现"你竟敢太岁头上动土"这样的话。过去，有的注释说"太岁是木星，古人认为在木星出现的方向动土，就会惹来灾祸"，这是不准确的。太岁其实是一颗假想的天体，相当于木星的"幻影"。它也在黄道上运行，但是方向与岁星相反。如果人的生肖恰好和它对冲，就叫作"犯太岁"，是大凶，所以才有了"太岁头上动土"这样的俗语。

后来，太岁经常用来比喻凶神恶煞般的人。比如《水浒传》里朝廷奸臣高俅的义子高衙内，倚仗义父的权势，到处欺男霸女、胡作非为，所以人称"花花太岁"。梁山泊边石碣村的阮氏三兄弟中最年长的一个，叫"立地太岁阮小二"，从名字就可以想象出他的凶恶。西门庆和潘金莲合伙害死武大郎后，左邻右舍看见武松回来了，都吃了一惊，说道："这番萧墙祸起了！这个太岁归来，怎肯干休？必然弄出事来！"这是用"太岁"来形容武松是个极不好惹的人。

东方朔偷桃

西汉时，有一个人叫东方朔，字曼倩，他学问渊博，

还特别诙谐机智。传说东方朔本是天上的岁星神，因在
王母娘娘的蟠桃会上被怠慢，少得到一个蟠桃，就说了
一些不满的话，于是被王母娘娘罚下凡间。在凡间做百
姓时，因家境贫寒，他又多次乔装打扮去王母娘娘的蟠
桃园偷蟠桃吃。

《西游记》第二十六回说，孙悟空在五庄观推倒了
人参果树，被镇元大仙揪住不放，他只好到处去求能医
活仙树的方子。到了东海方丈仙山的东华大帝君那里，
他发现这时东方朔下凡被罚期已满，重回天庭，正给东
华大帝君做侍童呢。

◎ 东方朔偷桃

行者见了，笑道："这个小贼在这里哩！帝君处没有桃子你偷吃！"东方朔朝上进礼，答道："老贼，你来这里怎的？我师父没有仙丹你偷吃。"

寥寥几句，也不忘写出东方朔的幽默诙谐。孙悟空揭他偷桃的短处，他就揭孙悟空偷仙丹的往事。

岁星下凡的东方朔

且说东方朔被罚下凡间时，赶上汉武帝广招贤良，他也应聘进了朝廷，但汉武帝不太看好他，安排他做了公车令。

公车令是个俸禄不多的小职位，东方朔很不满意，就想出一个主意。一天，他对宫中一个弄臣侏儒说："你的死期要到了！"侏儒问为什么，他说："像你这样的矮子，力不能耕种，武不能作战，活在世上只是糟蹋粮食，所以皇上决定要杀掉你们。"侏儒听罢信以为真，大哭起来。东方朔说："你不要哭，皇上就要来了，你马上去叩头求情，兴许能活命呢。"

过了一会，汉武帝路过这里，侏儒立刻磕头求情，刘彻问："你要干什么？"侏儒把东方朔的话重复了一遍。汉武帝很奇怪，问东方朔为什么编造这样的瞎话，东方朔回答："那侏儒身高三尺，拿一袋米的俸禄，我身高九尺，也拿一袋米。结果他饱得要死，我饿得发慌，何不把他杀掉，让我吃饱？"刘彻听了哈哈大笑，立刻把他提拔为金马门待诏，后来又提升为太中大夫（相当于现在的司长），俸禄也多了。

还有个东方朔割肉的故事，也很有趣。一天，朝廷官员到宫里准备领皇帝赏赐的肉，大家都在等待皇帝下令，东方朔等不及了，上去拔剑就割了一大块肉，说："天这么热，肉容易腐烂，早点拿回去吃算了！"说完，他就把肉带走了。

第二天，汉武帝见到东方朔，质问他："昨天赐肉，你为什么不等诏书下来，擅自割肉回家？讲不出道理，我治你的罪！"东方朔回答："我有罪，我有罪，不等诏书下来就自己动手，何等的无礼！拔剑就割，何等的勇敢！割了这么一小块，何等的谦让！马上带回家给老婆孩子，何等的仁爱！"汉武帝一听，哈哈大笑，又赏赐了他不少酒肉。

后来有一天，东方朔无疾而终。第二天，太史官报告："圣上，消失了十八年的岁星昨天晚上又回原位了。"汉武帝一算日子，仰天长叹："天呀，东方朔在朕身边整整待了十八年，朕竟一点也不知道他是岁星！"

木星每年都会运行到太阳后面，在强烈阳光的遮盖下，可能会"消失"一两个月；若说消失十八年，那是不可能的。

4. 流星耀天：预兆大将身亡

流星是一种天文现象，它的起因是太阳系中的小天体——流星体闯入地球大气层，因与大气摩擦而燃烧，于是产生光迹，因此属于"天象"。当流星体较大时，流星看起来像一个火球，非常耀眼，甚至一瞬间照得大地如同白昼，称"火流星"；当许多流星体不断闯入大气层并燃烧时，我们会看到流星多得像下雨一样，称"流星雨"。

☾ 流星

天上一颗星，地上一个丁

过去，人们认为"天上一颗星，地上一个丁"，也就是说，地上的每个人与天上的每颗星星是对应的，当天上的一颗星星滑落时（古人以为这是恒星掉下来了），人们就认为是地上的一个人死去了，而且流星越亮，对应的死去的人也就越重要。

在《三国演义》的故事里，很多重要人物的死亡，都伴有流星坠地的天象。我们看一下第八十一回"急兄仇张飞遇害 雪弟恨先主兴兵"中的一段：

原文赏析

却说先主是夜心惊肉颤，寝卧不安。出帐仰观天文，见西北一星，其大如斗，忽然坠地。先主大疑，连夜令人求问孔明。孔明回奏曰："合损一上将。三日之内，必有惊报。"先主因此按兵不动。忽侍臣奏曰："阆中张车骑部将吴班，差人赍表至。"先主顿足曰："噫！三弟休矣！"及至览表，果报张飞凶信。先主放声大哭，昏绝于地。众官救醒。

从这里我们可以看出，古人认为，流星与人的这种对应，一般人是看不出来的，必须是精通天象的奇人，比如诸葛亮这类的人才能看明白。刘备虽然是一国之君，但因为不懂天象，所以看到西北方向一颗流星坠地，也不知对应的是谁，只是非常担忧，便连夜派人向诸葛亮询问。诸葛亮没有亲眼看到这流星，但既然"其大如斗"，就知道这是非常明亮的火流星，所以他推测是"合损一上将"，果然很快就接到了张飞的凶信，原来这颗火流星对应的是张飞之死。

这样的事在《三国演义》中数不胜数，比如第五十三回："孔明曰：'亮夜观星象，见西北有星坠地，必应折一皇族。'正言间，忽报公子刘琦病亡。"第五十七回："却说孔明在荆州，夜观天文，见将星坠地，乃笑曰：'周瑜死矣。'至晓，告于玄德。玄德使人探之，果然死了。"第六十三回："却说孔明在荆州，时当七夕佳节，大会众官夜宴，共说收川之事。只见正西上一星，其大如斗，从天坠下，流光四散。孔明失惊，掷杯于地，掩面哭曰：'哀哉！痛哉！……庞士元命必休矣！'"第七十七回："孔明曰：'吾夜观天象，见将星落于荆楚之地，已知云长必然被祸……'"

看来诸葛亮非常精通占星之术，判断总是非常准确，他能从流星坠落的方位、亮度、形态判断出该流星代表着什么人。当然，这些事例都是小说家之言，按现代天文学的解释，它们没有任何科学道理。

诸葛亮奇谋退仲达

在《三国演义》中，"诸葛亮之死"的故事更神奇，他自己就能认出代表自己的那颗星，还能在病危时作法保持自己那颗大星不坠，这简直神乎其神了。

诸葛亮在刘备托孤之后，忠心辅佐后主刘禅，先七擒七纵孟获以稳定后方，再六出祁山试图北定中原。可惜英雄生不逢时，他的励精图治、独撑局面最终没有结果。最后一次出兵北伐时，诸葛亮率兵屯于五丈原（今陕西省宝鸡市岐山县内），与魏将司马懿斗智斗勇，最后他因病重难支，准备撤退。

知 识 卡 片

客星（彗星）　《西游记》中写到，唐僧取经途中，在狮驼洞遇到狮王、象王、大鹏三个妖怪，叙述中有这样四句诗："欢喜之间愁又至，经云泰极否还生，时运相逢真太岁，又值丧门吊客星。""泰极否还生"我们留待后面再讲，"太岁"前面刚讲过，是一颗凶星，那么"客星"是什么呢？既然"丧门吊客星"，说明它肯定是一颗灾星。原来在中国古代，客星基本上指的是彗星。因为古人发现，彗星不是固定不动、永远待在天上的，而是像客人那样有时来、有时走，所以叫"客星"。

彗星的样子很怪，它名为"星"，但不是一个亮闪闪的光点，而是一个有头有尾、身材宽大的怪物。它经常在天空中慢慢靠近我们，越来越大，过一段时间又逐渐缩小远去，最后消失，那怪异的形态常给人以恐惧之感，因此无论在东方还是西方，人们都把彗星看成不祥之兆。现在我们知道，彗星是绕太阳运动或经过太阳的一种小天体，核心是一颗质量极小的"脏雪球"，接近太阳时，太阳的热使彗核蒸发，形成巨大而稀薄的彗发和彗尾。

　　夜间，诸葛亮被人搀扶着走出军帐，仰观天象。他指着北斗星附近的一颗星说："这就是代表我的那颗将星。"众人看时，只见这颗星昏昏暗暗，摇摇欲坠，其他的辅星也都晦暗不明。诸葛亮叹息道："天象如此，吾命可知！"诸葛亮虽然知道了自己将不久于人世，但是他的星占造诣极其高超，于是运用作法的办法，保持了将星不坠，一连维持了六七天。

　　而这时，敌方将领司马懿也在营中仰观天象。他看到这一天象后大喜，对手下人说："我看见将星失位，孔明必然有病，不久便死。……吾当乘势击之！"

　　几天后，诸葛亮果然病逝于五丈原。这天，司马懿又夜观天象，看见一颗大流星，红色，芒角四出，自东北方出现，流向西南方，坠落于蜀军营地。司马懿惊喜道："孔明死了！"于是他传令大军进攻。可是刚出寨门，他又担心起来："诸葛亮这么足智多谋，会不会是在作法欺骗我？"于是，他便又引军回寨，只派出几十个骑兵去探听消息。

　　这一切其实都在诸葛亮的意料之中。去世前，他一面迅速转移营地，一面安排他死后不发丧，继续作法保持将星不坠（那大流星只是一颗报信的星使）。他又命人用木头雕刻出自己的形象，死后还演了一场"死诸葛吓走生仲达"的著名剧目，让司马懿看到自己的木头雕像狼狈逃窜，最后诸葛亮终于将军队安全撤回。

5. 陨石坠地：天降好汉座次

天上的流星很早就被我们的先辈观测到了，那时的人大都认为，这些流星就是天上坠落的星星（恒星）。那么，流星会不会落到地上？如果落到地上，会是什么样子？后一个问题古人也很早就有了答案：星星落地后，总是形成石头。

按《春秋》的记载，有一年正月初一，有些陨石落在了宋国，细数是五颗（"陨石于宋五"）。"陨"的意思就是坠落，"陨石"即天上坠落的石头。从此，人们就把流星没燃烧完就落到地上的残骸叫作"陨石"。如果同时掉下来很多块陨石，就叫陨石雨。《春秋》记载的这次有五块，说明这是一场陨石雨。

因为陨石是人类能接触到的唯一"天体"（至少曾经是天体），所以古人对陨石也有着很大的兴趣。文人有时会把陨石坠落这种天象写入小说中，最著名的就是《水浒传》那最关键的一回：第七十一回"忠义堂石碣受天文 梁山泊英雄排座次"。这回写到一百单八个好

知 识 卡 片

陨石　也称"陨星"，是太阳系的流星体闯入地球大气层（或其他行星、卫星附近）后坠落于地表的未燃烧尽的物质。按物质成分，陨石可分为石质陨石、铁质陨石、石铁混合陨石三类。世界上最大的陨石是 1770 千克的吉林 1 号陨石，最大的陨铁是约 60 吨的纳米比亚霍巴陨铁。有时较大的流星体进入浓密的大气层时，由于受到高温、高压气流冲击而发生爆裂，就形成了陨石雨。

汉已经在梁山泊聚齐，那这么多头领，怎么分定次序呢？小说把这个程序交由"天命"来处理，于是演出了这样一场戏：宋江请道士们做一场罗天大醮（一种驱灾求福的盛大道教仪式）。众好汉一起到场向天祈祷，持续了七天七夜。在第七夜里，一个奇特的天象出现了：

原文赏析

是夜三更时候，只听得天上一声响，如裂帛相似，正是西北乾方天门上。众人看时，直竖金盘，两头尖，中间阔，唤做天门开，又唤做天眼开，里面毫光射人眼目，彩霞缭绕，从中间卷出一块火来，如栲栳之形，直滚下虚皇坛来。那团火绕坛滚了一遭，竟攒入正南地下去了。此时天眼已合，众道士下坛来，宋江随即叫人将铁锹锄头掘开泥土，跟寻火块。那地下掘不到三尺深浅，只见一个石碣，正面两侧各有天书文字。

据现代人分析，这"天眼开"其实就是火流星划过的天象。典型的火流星发光余迹，开始较暗，中间最亮，最后在熄灭的过程中也越来越暗，所以在人们视网膜上留下的短暂影像就是一个两头小、中间大的梭子形的东西，然后被人们夸大、想象，再经过文学作品的加工，就成了一只"天眼"，流星划过的瞬间就成了"天眼开"。

《水浒传》把这块陨石写成了一块石碑，上面布满了谁也不认识的蝌蚪天书，后来有一个叫何玄通的道士，据说有祖传辨认天书的本事，于是经他翻译，才有了梁山三十六天罡星、七十二地煞星的姓名排序。

后代有人说，这是宋江提前做好了石碑埋下去，然后让公孙胜作法得来的结果。这些我们都不用去管，只要知道现实中不可能真有这种事，是《水浒传》的作者根据情节的需要，借用火流星和陨石坠地的现象讲了这样一个生动的故事就行了。

◎ 流星划过"天眼开"

肆

三垣四象 星斗天河

在中国古天文中，星座世界应该是最令人感兴趣的篇章之一了。所谓星座世界，就是天上除了太阳、月亮、行星和偶尔出现的彗星等移动的天体外，由那些相对位置固定不动的恒星组成的密密麻麻的星空。这些恒星亘古以来就在那里，组成的图形不变。它们有的明亮，有的暗淡，亮度似乎也从不发生改变，仿佛在那里见证着时间的永恒。

这些亘古不变的星星，引起了古人极大的兴趣。为了了解的方便，古人把这些星星分成群，把亮星用假想的线连在一起，这样就组成了星座，古人还把这些星座想象成神仙。东方人和西方人对星座的划分是不同的。西方星座的源头是古希腊星座，后来演变成现代天文学使用的八十八星座体系。中国古代则是另一套完整的星座划

知 识 卡 片

恒星　在天气晴好的晚上，我们会看到夜幕中总是镶嵌着无数的光点，其中除了少数属于行星外，其他的基本都是恒星。自古以来，它们的相对位置保持不变，仿佛被永恒地固定在了天穹上，因此称作"恒星"。现在我们知道，太阳是离地球最近的恒星，其他恒星离我们非常遥远，它们也在高速运动着，只是因为太遥远了，所以在几千年内几乎看不出来有移动的迹象。典型恒星的核心会发生核聚变，产生巨大能量并辐射到外层空间，所以恒星实际上是一个个大火球。正因为它们发光能力巨大，所以虽然非常遥远，我们仍然能看到它们。

分方式。在四大名著中，我们常看到"四斗、五方、二十八宿、普天星相、河汉群神"这类说法，指的就是这套体系。

我们的先人虽然认为星座是神，但这个神的世界是完全仿照人间设计的。所以中国星座的命名有帝王、文武百官、宫殿、机构、建筑、战场、田园、人物、器物、动植物、河流等，数量多达200多个。

1. 北斗星的故事：七星聚义与魁星

　　在所有的星座中，我们最熟悉的就是北斗星了。因为这七颗星都比较亮，排列成勺斗状，在天空中十分醒目，另外它们离北极很近。古代有"天上群星朝北斗"的说法，所以它在星空中起到了很重要的作用。在四大名著中，有好几处讲到与北斗星有关的故事，都很有趣。

◎ 北斗星

赵颜贿赂北斗神

　　《三国演义》第六十九回，讲到一个叫管辂的人物，这人从小就喜欢观测星辰，深明《周易》，精通相术。

　　有一天，管辂遇到一个叫赵颜的少年。管辂看了一会儿他说："你面相有问题，三天内会有生命危险。"赵颜一听十分着急，便问有没有补救的办法。管辂算了一会儿，说："明天，你带上一大壶清酒、一大包煮好的鹿肉，去某某山中，山里有一棵大松树，树下有两个下围棋的仙人，你要用酒肉服侍好他们，等他们吃喝完，你就向他们哭拜，他们自然会救你。"

第二天，赵颜带好酒肉赶到那座山中，果然看到一棵大松树，两个仙人在下边下围棋。赵颜就悄悄近前，将酒肉摆在棋盘两边，自己则站在一侧观棋。这两个仙人沉溺下棋，不知不觉摸过酒肉就吃喝起来，不到半个时辰，就把赵颜的酒肉喝光也吃光了。这时棋还没有下完，坐在北边的仙人抬头一看，说："你是不是赵颜？这酒肉是你的吗？"赵颜恭敬地回答："是。"仙人说："你的寿数已尽，还来这儿干什么？"这时，坐在南边的仙人发话了："老哥，你刚吃喝了人家的东西，怎么可以这样无情呢，给人家增加几岁吧！"北边的说："生死簿子都定好了，怎么增加？"

南边的说："你不好意思，我替你来。"说着，他向北边的仙人要来一个大簿子，翻开一页，上面写着：赵颜，一十九岁。南边的仙人在"一"字上加了两笔，成了"九十九岁"。随后，两个仙人化作白鹤，冲天而去。

后来，赵颜果真活到了九十九岁。原来这两个仙人，在北边坐的是北斗神，南边的是南斗神。因为"南斗注生，北斗注死"，人的一生，都要从南斗手里过到北斗，所以北斗神的那本大簿子决定着人的寿限。

这个故事最早出自东晋干宝的神异小说《搜神记》，故事内容与上文大同小异，主人公名字略有变化。北斗星怎么能决定人间的生死呢？原来在古代，交通不发达，人们出门时，随时会遇到障碍与危难，北斗星是人们判断方向的重要依据，于是人们把它当成指路与救生的"灯塔"，最后作为神来崇拜。

石碣村七星聚义

《水浒传》中的"智取生辰纲"是很有名的一个故事：大名府的梁中书为他丈人蔡京庆祝生日，搜刮了价值十万贯的金银珠宝，称"生辰纲"，准备派人护送到京城。这期间，好汉刘唐到石碣村找到保正晁盖，然后又凑齐了吴用、公孙胜、阮氏三兄弟，七个人合谋，又约上一个叫白胜的人，让他挑酒作诱饵，最后在黄泥冈上，八个人用计劫取了这笔不义之财。

故事中特别值得一提的是，晁盖曾说："我昨夜梦见北斗七星，直坠在我屋脊上，斗柄上另有一颗小星，化道白光去了。我想星照本家，安得不利？"等聚义的七人凑齐后，吴用又提起这个梦："保正梦见北斗七星坠在屋脊上，今日我等七人聚义举事，岂不应天垂象。"他们的行为竟与天上的星神联系在一起了，可见作者的意思很明了：他们劫取生辰纲这桩事是完全正义的。

北斗七星对应着七位武艺高强或计谋法术出众的好汉，"斗柄上另有一颗小星，化道白光去了"则对应的是一个不太重要的角色，也就是家住黄泥冈附近的白日鼠白胜。但在这出戏里，他扮作贩酒的汉子，两桶酒成为不可缺少的道具，他起的作用还是不小的。

有趣的是，北斗星的斗柄上确实另有一颗小星，它离开阳星很近，叫"辅星"，实际上这是一对双星，只有视力较好的人在晴朗的夜晚才能把它们分辨清楚。

魁星的故事

北斗星还有其他"身份"，比如，有一个重要的身份叫"魁星"。魁星主要是指北斗星的前四颗星（一说仅指北斗一）。在古代，魁星是主管功名科举的，与今天主管高考的机构差不多。《红楼梦》第八回，写到秦可卿的弟弟秦钟来见贾母时，贾母给他的礼物是"一个荷包并一个金魁星，取'文星和合'之意"，就是希望他好好读书，将来能考取功名的意思。

这里说的"金魁星"是指一座小小的金质魁星造像。在中国古代神的造像中，魁星像可以说是最独特的。很多地方都建有"魁星楼"或"魁星阁"，里面塑着魁星像。魁星像看起来很古怪：面目狰狞，一般是金身青面、赤发环眼，头上还有两只角。他的姿势也是固定的：右手握一管大毛笔，称朱笔，左手持一只墨斗，右脚金鸡独立，脚下踩着海中一条大鳌鱼的头部，意为"独占鳌头"，左脚扬起后踢，踢向的是一只斗，或北斗星。从贾母把魁星像当礼物送人可以看出，魁星像在家庭中也是常被供奉的，特别是文人，都希望金榜高中，所以拜魁星拜得特别勤。

另外，人们常说的"文曲星""武曲星"也在北斗星中。按道教的说法，北斗星中的第四颗星就叫文曲，第六颗星叫武曲，其他五颗分别叫作贪狼、巨门、禄存、廉贞、破军。比如《西游记》第三回，写太白金星劝玉皇大帝不必动刀兵，招孙悟空上天做个小官就行，于是玉皇大帝"即着文曲星官修诏，着太白金星招安"。可见文曲星在天庭是给玉皇大帝起草圣旨的。

《水浒传》曾说到"棂星门"，这也和北斗星有关。第四十二回，宋江回乡打算带老父亲上山，不料被官兵追赶，他最后逃到了还道村的九天玄女庙，被九天玄女召见，还领受了三卷天书。书中写他被两个青衣童子领

❀ 棂星门与魁星像

去见九天玄女娘娘时，过了石桥，有两行奇树，"中间一座大朱红棂星门"。

"棂星门"是什么门呢？它是中国古代的一种牌楼，一般被建在各种尊者、王者的庙宇中，后世多立在文庙里，所以"棂星"一般被解释成文曲星或魁星。由此可见，它也在北斗星中呢！

另外，还有一点也很有趣：《西游记》中的猪八戒居然也是北斗星神。猪八戒的前身天蓬元帅，就是北斗天枢星（北斗第一颗星）的化身。中国在远古就有"北斗是猪神"的传说，《西游记》的作者也许就是因此才把天蓬元帅和猪八戒联系起来的。

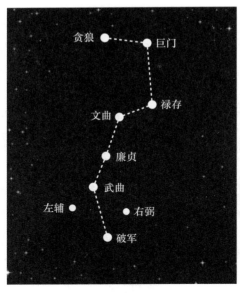

⊛ 北斗星中的文曲、武曲星

2. 中国星空：三垣二十八宿

一说起星座，我们常常会想到"二十八宿"。的确，二十八宿是中国星座里最重要的一组星。其实，中国星座里还有三组星也很重要，叫"三垣"，把"三垣"与"二十八宿"合起来，就是中国星空的"三垣二十八宿"体系。

前面我们刚刚讲过的"石碣村七星聚义"的故事里有一首诗："金帛多藏祸有基，英雄聚会本无期。一时豪侠欺黄屋，七宿光芒动紫微。"这里的"紫微"，就是三垣中的"紫微垣"。好，我们就从这里讲起。

天上的三座"城堡"

三垣是天上的三个大的"星座集团"，每一垣里都包含很多星座。"垣"就是"墙"，每个垣都是用星星连成的墙围出的一块天区，仿佛是天上的一座城堡。三垣都在北天，以北极为中心的叫"紫微垣"，另外两个是"太微垣"和"天市垣"。

古人设立这三座"城堡"干什么呢？原来，我们的祖先在划分星座时，等于是仿照地面在天空再造了一个人间。紫微垣就是天上的皇宫，里面有天帝星坐镇北极，旁边是皇后、妃子、太子、宦官等，周围则有宰相、内阁高级首领、宫廷卫队等；太微垣则是天上的朝廷行政机构，是天帝、大臣处理政务的地方；天市垣更有趣，是一座"天上的街市"，即综合贸易市场。

《西游记》第五十一回，唐僧被金兜洞的独角兕捉去，孙悟空敌那妖怪不过，只好上天询问，查那满天星斗，有没有思凡下界的，玉帝下旨就先"查了三微垣垣中大小群真"，这"三微垣"就是三垣。

《三国演义》里也多次提到"帝星"。第六回写到董卓焚毁洛阳，挟天子西去长安建都。随后孙坚进兵洛阳，扑灭了宫中余火，夜晚"按剑露坐，仰观天文。见紫微垣中白气漫漫，坚叹曰：'帝星不明，贼臣乱国，万民涂炭，京城一空！'言讫，不觉泪下"。

这里要说明的是，古人的这种观念，是一种神秘主义的思想，认为天上的星星对应着人间的事。所以紫微垣"白气漫漫"，帝星"不明"，都说明皇宫、皇上出问题了。古人设立这些星座的用意是预测人间事，这是我们学习中国古天文的时候，时刻都不要忘记的一点。

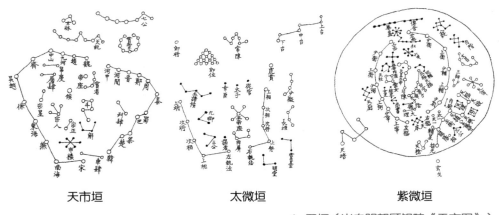

天市垣　　　　　　　　太微垣　　　　　　　　紫微垣

❀ 三垣（出自明朝顾锡畴《天文图》）

二十八宿干什么用？

三垣是天上的三座"城堡"，而二十八宿呢，则是天上的 28 家"驿站"，这是古人专为太阳、月亮、五大行星的运行设计的。

二十八宿的设立主要是照顾月亮，月亮 27 天多绕地球走一圈，所以古人凑了一个整数——28，把黄道、赤道带附近分成 28 宿，让月亮大约一天走一宿。这样还有一个好处：28 可以被 4 整除，因此，太阳行走时又可以将这二十八宿分成 4 份，每份是一个季节。瞧，古人考虑得还是蛮周到的。那么为什么叫"宿"呢？"宿"有"停留""住宿"的意思。古人想，既然这些星座是为记录月亮的行程设立的，而人间的车马在官道上都是日行夜宿，那么就可以仿照人间的驿站，称这些星座为"宿"，每一"宿"就是一家"月站"。

知 识 卡 片

月亮 27 天多绕地球走一圈？一个月不是 29 天半吗？原来，前者是"恒星月"，后者是"朔望月"。从反映月相变化的朔望月角度来看，月亮在"追赶"太阳，太阳和月亮都在星空自西向东运动，太阳走得慢，一年走一圈，月亮走得快，一个月走一圈。其实我们说的阴历月，是月亮"追赶"上太阳的周期，月亮每月要多走一段才能追上太阳。"恒星月"是月亮以恒星为参照绕地球一周的时间，是月亮真正的公转周期。

二十八宿被均分为四份时，各用一动物名字来统称，合称"四象"：

东方苍龙　角、亢、氐、房、心、尾、箕；

北方玄武　斗、牛、女、虚、危、室、壁；

西方白虎　奎、娄、胃、昴、毕、觜、参；

南方朱雀　井、鬼、柳、星、张、翼、轸。

这样，太阳、月亮、五大行星运行中，位置在哪一宿，观测一下就一目了然了。而且古人认为，二十八宿的每一宿都对应着中华大地的不同地域，这样，月亮、行星、彗星出现在不同的宿，都有重要的星占意义，所以上一讲提到过，《三国演义》中，东汉的天文官说："吾仰观天文，自去春太白犯镇星于斗牛……"就是说金星、土星会合在斗宿、牛宿，预示着国家将有大的变故。

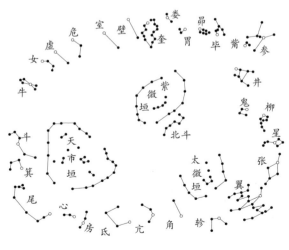

❀ 三垣二十八宿

神通广大的二十八宿

在古人眼中，二十八宿是神通广大的，我们举四大名著中的几个例子来看。

《三国演义》第四十九回中讲诸葛亮借东风时，写孔明筑起七星坛，在四周插二十八宿旗，按东方青、北方黑、西方白、南方红各插七面。这说明诸葛亮在作法时，二十八宿起着关键的作用。

《西游记》第六十五回，唐僧四众在小雷音寺遭难，孙悟空请天上二十八宿来降妖，"只见那二十八宿与五方揭谛等神，云雾腾腾，屯住山坡之下。妖王喝了一声："那里去！吾来也！'角木蛟急唤："兄弟们！怪物来了！'亢金龙、氐土貉、房日兔、心月狐、尾火虎、箕水豹、斗木獬、牛金牛、女土蝠、虚日鼠、危月燕、室火猪、壁水貐、奎木狼、娄金狗、胃土彘、昴日鸡、毕月乌、觜火猴、参水猿、井木犴、鬼金羊、柳土獐、星日马、张月鹿、翼火蛇、轸水蚓，……各执兵器，一拥而上"。这里把二十八宿的道教全名都给出来了，这些全名的规律是：中间一字是以"日月火水木金土"七曜顺序循环，第三字是每宿对应的一种动物。

《水浒传》第七十六回"吴加亮布四斗五方旗 宋公明排九宫八卦阵"，写梁山好汉对阵官府的兵马，设起了九宫八卦阵，这阵势"四面立着二十八面绣旗，上面销金二十八宿星辰，……占天地之机关，夺风云之气象。前后列龟蛇之状，左右分龙虎之形"，也相当有讲究。

《红楼梦》第一〇二回，写宁国府请道士到大观园作法事，驱除妖邪，"在省亲正殿上铺排起坛场，上供三清圣像，旁设二十八宿……"你们看，在古代，无论是打仗还是作法，都需要请二十八宿上阵。

天上有没有 108 颗天罡、地煞星？

《水浒传》中，梁山的 108 个头领，是由 36 员"天罡星"和 72 员"地煞星"组成的，每星有一个名字，如天魁星宋江、天贵星柴进、天杀星李逵、天伤星武松、地贼星时迁等。那么天上有没有这些星名呢？仔细搜寻中国星座的命名体系，结果发现并没有这些星。

原来，"三十六天罡、七十二地煞"出于道教。道教认为北斗星附近有 36 颗天罡星，各代表一个神，合称"三十六天罡"；还有 72 颗地煞星，合称"七十二地煞"。天罡，就是天的四正，即"天纲"，是维持"天道"的，同样，地煞是实现"地道"的。既然梁山好汉替天行道，所以书中将他们描写成是天上的星宿下凡，还有一块石碣自天而降，上面刻着 36 员天罡星和 72 员地煞星的姓名。至于那些星名，都是作者为了切合人物性格和命运而杜撰的。

同样，《西游记》中的猪八戒会三十六变，孙悟空会七十二变，也是应天罡地煞之数来的。

3. 星宿神通：奎木狼与昴日鸡

《西游记》中有很多二十八宿下界为妖或下界帮助孙悟空降妖的故事，比如宝象国"奎木狼下界"、小雷音"亢金龙钻铙"、青龙山"四木禽星捉犀牛怪"等，这里我们重点讲一讲"奎木狼下界"和"昴日鸡啄妖"的故事。

奎木狼下界

西方白虎七宿的"奎宿"，民间叫"奎木狼"，《西游记》里有一段奎木狼下界的故事。

第二十九回写道，孙悟空打死白骨精之后，被唐僧赶回花果山。但唐僧很快又遭了一难：在碗子山被黄袍妖抓住。多亏妖精掳来的宝象国公主相救，唐僧才得以脱身。师徒三人来到宝象国，国王才知道失散了 13 年的公主原来是被妖精摄去了，于是问阶下的两班文武："你们哪个敢兴兵领将，救我公主回来？"无人应答。最后是八戒与沙僧逞能，返回山林与那妖精挑斗，结果八戒跑掉、沙僧被擒。

那黄袍妖摇身一变，变成一个丰神俊朗的书生，到了宝象国，说他是个猎人，13 年前打猎时，见一只斑斓猛虎驮着一个女子，他连忙发出一箭，射伤了猛虎，救了女子性命。于是女貌郎才，两相情愿，就地成亲。

不料那老虎后来修炼成精，吃了取经人，变作唐僧的模样，到朝中哄骗。说着他一口清水喷去，把唐僧变成了老虎。

逃跑的八戒只好去花果山请孙悟空回去。怕孙悟空不出山，八戒便说妖精声言要扒猴子的皮，抽猴子的筋，啃猴子的骨头，吃猴子的心。孙悟空听言大怒，与八戒来找黄袍妖厮杀。一番恶战之后，那妖怪难以招架，就虚晃一枪，不知走到何处去了。

孙悟空想：刚才那妖怪说"我好像在哪儿见过你"，想必这妖怪不是凡间的，多半来自天上。于是孙悟空几个筋斗跳到南天门上，进了灵霄殿，奏请玉帝按名册查找各路星神是否在位，查来查去，发现二十八宿只有二十七宿在，西方白虎之首——奎星不知哪儿去了。天师回奏玉帝道："奎木狼下界了。"

玉帝问："下界多久了？"天师回答："我们的规章是3天点卯一次，他已经4卯不到，下界13天了。"

知 识 卡 片

　　古代神话中常有"天上一日，地上一年"的说法。按爱因斯坦的相对论，如果运动速度接近光速的话，时间流逝的速度就会大大减慢，天上神仙的运动速度会接近光速吗？从孙悟空一个筋斗就十万八千里来看，倒是有可能的。不过"天上一日，地上一年"还有一种观测上的解释：比方说，六月初七晚上亥时（21:00—23:00）看到的星空，会在七月初七戌时（19:00—21:00）出现，人们就想，地上过去整整一个月了，天上的星星却只走了一个时辰（现在的两小时），那么天上的一个时辰不就等于地上一个月了吗？每天有12个时辰，每年有12个月，天上的一日不就是地上的一年吗？

天上 13 日，地上已是 13 年。玉帝立刻派二十七宿出天门，招奎星回来。

见了玉帝，奎木狼连忙叩头称罪："万岁，赦臣死罪。那公主不是凡人，她本是披香殿侍香的玉女，与我暗中相好，她就先下界去，托生在皇宫内院，我又下界变作妖魔，占了名山，摄她到洞府，与她配了 13 年的夫妻。"因为天庭不允许恋爱（天蓬元帅就曾因此获罪），所以两人才私奔下凡以便做夫妻。玉帝见出了这种事，非常恼火，就没收了他的金牌，贬他去兜率宫给太上老君烧火。

孙悟空回到宝象国救出唐僧，把公主从妖洞接回，然后师徒四人继续踏上去往西天的长路。

昴日鸡克妖

昴星团在中国古天文里称"昴宿"，在信奉道教的民间称"昴日鸡"，因为它的形象是一只大公鸡。鸡喜欢吃虫，即使是"五毒"中的蝎子、蜈蚣，也毫不惧怕，简直是它们的克星。《西游记》里讲了两个相关的故事：唐僧师徒一次遇上了蝎子精，一次遇上了蜈蚣精，前一次是请昴日鸡，后一次是请昴日鸡的母亲来才降伏了这些妖怪，很是有趣。

第五十五回，写唐僧刚离开西梁女国，却被琵琶洞的蝎子精摄去，悟空等徒弟们打上门，结果悟空和八戒都被它蜇伤。后来观音菩萨现身，告知他们这是一只蝎子精，连如来都对它的蝎毒怵三分，但是，一物降一物，东天门里光明宫的昴日星官，可以降伏这妖怪。于是悟空上天请来了昴日星官，昴日星官先治好了悟空和八戒的蜇伤，然后让二人引那妖怪出来，于是那妖怪：

原文赏析

跳出花亭子，抡叉来刺八戒。八戒使钉钯迎架，行者在旁，又使铁棒来打。那怪赶至身边，要下毒手，他两个识得方法，回头就走。那怪赶过石屏之后，行者叫声："昴宿何在？"只见那星官立于山坡上，变出本相，原来是一只双冠子大公鸡，昂起头来，约有六七尺高，对着妖精叫一声，那怪即时就现了本象，是个琵琶来大小的蝎子精。星官再叫一声，那怪浑身酥软，死在坡前。

还有第七十三回是讲蜈蚣精的故事。一只蜈蚣精在盘丝洞里变作一个道士，伙同七个蜘蛛精设计毒倒唐僧等人，后来黎山老姆化作一个妇人，指点孙悟空去紫云山千花洞找一位毗蓝婆去降伏妖怪。这毗蓝婆原来是昴日星官的母亲，她见了那道士，上前用手一指，那道士便扑通跌倒，现了原形——一条七尺长短的大蜈蚣精，随后毗蓝婆用小指头挑起那蜈蚣精，驾云回千花洞去了。于是孙悟空说："我想昂日星是只公鸡，这老妈妈子必定是个母鸡。鸡最能降蜈蚣，所以能收伏也。"

◎ 山西晋城玉皇庙中的昂日鸡雕像

4. 星辰崇拜：福禄寿三星

在《西游记》中，唐僧师徒四众路过五庄观时，孙悟空因为与仙童发生口角，一怒之下推倒了人参果仙树，结果师徒被主人镇元大仙抓住不放，孙悟空只好访遍三岛十洲，去找一个能起死回生、医活仙树的方子。孙悟空先到了蓬莱仙境，"见白云洞外，松阴之下，有三个老儿围棋：观局者是寿星，对局者是福星、禄星"。

这三位老人就是著名的福禄寿三星。在民间，一提到"三星"，大都是指参宿三星，即猎户座那著名的三颗星，在冬天的夜晚我们一抬头就能在东南方向的空中看到。但是，福禄寿三星并不是参宿三星，它们另有来历，代表了古人的星辰崇拜和对美好生活的向往。

福禄寿三星的含义

古代生产力低下、社会动荡、医疗不发达，人们的平均寿命很短，据说只有 30 多岁，所以长寿是人们的最大企盼，因此形成了寿星崇拜。在这个基础上，人们又希望能获得幸福，于是又有了福星崇拜，所以向别人祝寿时常说"福如东海，寿比南山"。在文人圈子，那时读书多是想考取功名做官，这样才能有"铁饭碗"——俸禄，于是又形成了禄星崇拜。

这样，福禄寿三星就成了最受古人欢迎的三个星辰，古人还赋予了他们非凡的神性和独特的人格。为什么福星排在最前面，寿星反而排在最后？因为相比之下，福、禄可以通过人为的努力来实现，而求得长寿是难度最大的，所以就排到最后了。

《红楼梦》写宝玉过生日时，很多人送祝寿礼，凤姐送的是一个宫制四面和合荷包，里面装一个金寿星；贾母过生日，元春则从宫里送出一尊金寿星。可见古时候祝寿送寿星是非常讲究的。

福禄寿到底是哪三星？

福禄寿三星的人物形象是三位老人：福星抱着一个小孩儿，禄星抱着如意，寿星则托着寿桃、拄着拐杖。

福星是哪颗星？原来就是木星（岁星）。古人认为，岁星照临，能降福于民，于是岁星就成了福星。前面我们已经说过，岁星可不是"太岁"，与太岁对冲，是有灾的。

那么禄星呢？与功名科举有关。天上掌管功名科举的星座有两个，一个是前面讲过的魁星，一个是文昌星。文昌星座有六颗星，就在北斗魁星的上方，挨得很近，它们虽然不很亮，但非常著名。朋友们一定听说过文昌宫，过去各州县都建有文昌宫，是文人们祭祀文昌帝君的地方，要想走科举之路，求取功名，文人们都得要祭拜文昌帝君。禄星就是文昌星座的最后一颗星。

　　至于寿星，他的形象是人们最熟悉的了。这是一位
鹤发童颜的老人，有一个突出的大脑门，拄着弯头长拐
杖，手上托着一个大寿桃。他老人家在天上对应的星就
叫老人星。这颗星非常亮，是全天第二亮星。遗憾的是，
它的位置太靠南，只有位于长江流域以南的人们，才能
在短暂的时段里在低低的南天看到它，所以人们也叫它
"南极老人星"，当然，实际上它离南极还很远。

　　寿星手中的拐杖，也是有来历的。汉朝时朝廷为了
表示对老人的尊重，规定发给每位 70 岁以上的老人一
柄做工精美的、长长的拐杖，拐杖的顶端刻有斑鸠鸟，
所以又称这种拐杖为"鸠杖"。《西游记》写唐僧取经
过比丘国时，发现该国被一个妖道控制，要用 1111 个

◎ 福禄寿三星

小儿的心肝给国王治病，最后引出大圣与那妖道的一场大战，妖道用的兵器是蟠龙拐杖，正打得难解难分之时，南极老人星出现，收服了这妖怪，说："他是我骑的一头白鹿，前几天在我和东华帝君下棋的时候，没留神让他跑了，竟到这里来作孽，连我的拐杖也一起偷来做兵器了。"

八戒戏三星

回头再说孙悟空在蓬莱仙岛找到了福禄寿三星，想从他们那里讨得救活仙树的方子，但是他们没有。因为唐僧只给孙悟空三天期限，三星就驾云来到五庄观，替悟空说情，让多宽限几天。他们陪唐僧闲叙，等到悟空求得仙方才罢。我们看看猪八戒见了三星后是怎样的：

原文赏析

那八戒见了寿星，近前扯住，笑道："你这肉头老儿，许久不见，还是这般脱洒，帽儿也不带个来。"遂把自家一个僧帽，扑的套在他头上，扑着手呵呵大笑道："好！好！好！真是加冠进禄也！"那寿星将帽子摜了，骂道："你这个夯货，老大不知高低！"八戒道："我不是夯货，你等真是奴才！"福星道："你倒是个夯货，反敢骂人是奴才！"八戒又笑道："既不是人家奴才，好道叫做'添寿'、'添福'、'添禄'？"……八戒又跑进来，扯住福星，要讨果子吃。他去袖里乱摸，腰里乱吞，不住的揭他衣服搜检。三藏笑道："那八戒是甚么规矩！"八戒道："不是没规矩，此叫做'番番是福'。"三藏又叱令出去，那呆子踪出门，瞅着福星，眼不转睛的发狠，福星道："夯货！我那里恼了你来，你这等恨我？"八戒道："不是恨你，这叫'回头望福'。"

这几段话把八戒的活宝性格表现得活灵活现。《西游记》作者也借八戒的口把人们崇拜的福禄寿三星用诙谐的语言调侃了一番。

5. 天河两岸：牛郎织女的故事

在晴朗无云的晚上，如果朋友们到没有灯光干扰的郊区去观看星空，多数情况下，你们会看到，除了满天闪闪的恒星之外，天上还有一条白茫茫的光带，这就是银河。银河虽然不是星座，但古人早就发现，它相对于其他星座的位置总是保持不变，宽度、大小也永远不变，这说明它不是云雾，一定与星星有关。的确，现在我们知道，它就是由无数恒星组成的。因为这些恒星离我们太远，又太小、太密了，所以肉眼看起来就成了一片银白色。古人不知道它是什么，就把它想象为天上的一条河，称天河或银河。

知 识 卡 片

银河系 我们的太阳所在的星系叫银河系，它是由几千亿颗恒星组成的一个扁扁的、铁饼状的东西。太阳在稍靠边的一侧，这样我们只能从里边看银河系，结果看到的就是环绕天空一圈的银河了。

纵横的银河

四大名著里有很多地方提到银河，基本都是在说唱的"唱"部分，即诗词中。比如"银河耿耿星光灿，鼓发谯楼趱换更"（《西游记》第八十一回）、"铜壶点

点看三汲，银汉明明照九华"（《西游记》第九十三回）、
"银河耿耿，玉漏迢迢"（《水浒传》第二十一回）、
"银河耿耿兮寒气侵，月色横斜兮玉漏沉"（《红楼梦》
第八十七回）、"看天河正高，听谯楼鼓敲"（《红楼
梦》第二十八回），等等，都是用来表现夜已深沉的景
象，或对长夜漫漫的感叹。

　　银河有的地方宽，有的地方窄，夏天的傍晚我们看
到的银河又宽又亮，因为这里是指向银河系中心方向的
那一段，星星特别多；冬天看到的银河较窄较暗，因为
这一段指向银河系边缘的方向。有的地方银河还分出"支

流", 这是宇宙间巨大的尘埃云把后面的星光全遮住了的结果。《西游记》里的"银汉横天宇, 白云归故乡"（第九十四回）写的则是夜里随着时光的流逝, 斗转星移, 银河也随之由南北方向变为东西方向。

不但一夜间银河的位置会发生变化, 不同的季节晚上看到的银河也不同。民间有"天河分岔, 单裤单褂; 天河掉角, 棉裤棉袄"的说法（"掉角"指横向西北方向）, 指的就是这种现象。观看遥远的银河, 感受时光的流逝, 会让人们涌起一种神秘和使命之感。

织女下凡配牛郎

初秋的傍晚, 在头顶处的天空附近, 可以看到一颗很亮的白色星星, 这就是织女星, 它在银河的西岸; 从织女星朝东南跨过银河, 可以见到三颗星, 大致均匀地排在一条线上, 中间的一颗也很亮, 它就是牛郎星, 又叫牵牛星, 它在银河东岸。两颗星隔河相望。

在中国传统文化中, 银河与牛郎织女有着不解之缘, 一提起银河, 必须要讲牛郎织女的故事。《红楼梦》中黛玉、湘云对诗时, 黛玉有一句"犯斗邀牛女", 这"牛女"就是牛郎织女。

民间流传的故事说: 织女是天帝和王母娘娘的外孙女, 每天都和姐妹们在机房里织天衣; 织女是最心灵手巧的一个, 她织的天衣又多又漂亮。《红楼梦》"芦雪

广争联即景诗 暖香坞雅制春灯谜"那回，宝琴有诗句"天机断缟带"，这里的"天机"，就是织女的织布机。诗句说，织女织出的白色罗裳断裂飘落，就形成了漫天皆白的雪景。

牛郎是人间的一个穷孩子，父母双亡，一个人守着一头老牛，靠耕一片荒地为生。有一天，他在山后的池塘边树丛里，看到七个仙女飘飘悠悠从天上飞下，脱了衣服，跳入池塘洗起澡来。牛郎想留住其中的一个做媳妇，便悄悄跑到岸边，看仙女们的衣服，其中一件白色的罗裳织得最精细，就想，它的主人手一定最巧，于是把它带走藏了起来。仙女们洗完澡，一个个上岸穿上衣服飞走了。只有织女找不到自己的衣服，急得在池边直哭。

牛郎托着白罗裳来到织女身边，抱歉地说："衣裳在这里，请穿上吧！"然后牛郎请求织女做他的妻子，牛郎织女便结为夫妻。从此，他们男耕女织，日子过得很美满、富足。织女随后生下一双儿女，小屋里更增添了许多欢乐。

天上一日，地上一年，过了几天，王母娘娘知道了这件事，非常气恼，立即派天神去捉回织女问罪。天神来到牛郎家，硬是把织女带回了天上。牛郎用箩筐挑着儿女，追上天去。王母娘娘见了，更是生气，拔下玉簪子在空中一划，牛郎织女之间立刻出现一条天河。

波涛汹涌的天河把他们二人隔开，既无桥也无船，两人只好站在两岸遥遥相望，谁也不肯离去。王母娘娘也觉得自己做得有些过分了，就允许他们每年在七月初七相会一次。

于是每年七月初七的夜间，会飞来无数的喜鹊，在天河上搭起一座鹊桥，牛郎织女一家人在这一夜晚可以团聚。

我们看看织女星，她的前边有四颗小星，组成一个小平行四边形，据说这就是织女织布的梭子；牛郎星前后的两颗小星，就是他们的两个孩子。

每年农历七月初的晚上，这两颗星恰好在我们的头顶前，非常好找，所以故事安排他们在这时相会。初七那天正是上弦月，淡淡的月光正好遮盖了银河的光辉，善良的人们便想象鹊桥已搭好，牛郎织女可以相会了。

◎ 牛郎织女相会

张骞上天访织女

《红楼梦》中写黛玉、湘云对诗时，黛玉说"犯斗邀牛女"，湘云对了句"乘槎待帝孙"，后一句也包含着一个引人入胜的典故。

汉代有个著名的探险家叫张骞，他曾多次出使西域。传说有一次他奉使去往西域的大夏时，打算走水路，就做了一个大筏子，沿黄河往上游划去，结果走了好久，发现黄河越来越宽，也越来越清澈，后来还到达了一处城郭，到处楼台错落，街道规整，河水正好从城中流过。

他好奇地划了进去，见河左岸有一男子牵一头牛，右岸有一位美丽的妇女。张骞把筏子划近那妇女，问："大嫂，请问这是什么地方？"那妇女爽快地答道："这是天河呀！你是从人间来的吗？"张骞回答："是呀，走了好几个月，真不容易。"他见那妇女身边有一块石头，那形状和颜色都是人间没有见过的，就问："这是什么石头？"那妇女说："这叫支机石，你喜欢，就送你好了。"张骞接过石头一看，原来是织布机上压布匹的石条，就惊喜地说："噢，我知道了，你是织女！"那妇女点点头。

张骞在城中游历了一圈之后，就循原路，沿黄河水顺流而下，返回故乡，后来他把这块支机石留在了成都。现在成都文化公园的一座亭子里，有一块大石头，据说就是张骞带回的支机石，成都还有一条街叫"支矶石街"（"矶"字为后世附会所改）。

　　史湘云的诗句"乘槎待帝孙"中的"槎"就是张骞乘的大筏子，"帝孙"即织女。那么张骞探险的黄河怎么变成银河了？这是古人的一种观念，认为黄河的源头就是上接银河的。《水浒传》第五十九回"吴用赚金铃吊挂　宋江闹西岳华山"中，有"下接天河分派水"的诗句，当时人们认为流经西岳华山的黄河水是从银河分派下来的。

伍 天干地支 阴阳五行

朋友们，这一讲我们谈谈星体、天象以外的一些古代天文要素，比如天干地支、阴阳五行等。这些东西都是传统文化的一部分，可能大家常常听到，但它们具体指的是什么、怎么应用，恐怕大家就不是很清楚了。另外，它们当中的有些内容与现代科学的表述很不一样，目前已经不怎么用了，但是，如果我们一点都不懂，就无法理解祖国灿烂的传统文化，读起古籍来，有时就会不知道说的是什么。所以，下面我们结合四大名著的原文，一起看看这方面的知识。

1. 天干地支：天、地、人共用的纪时体系

一说起"甲、乙、丙、丁"，大家都非常熟悉，因为它们常用作顺序的代号。另外，我们看日历时会发现，上面也常写着"甲子年""癸卯年"的字样。这些东西到底是从哪儿来的？它们有什么文化含义呢？其实，它是一套重要且完整的体系，是我们祖辈发明的一种天、地、人共用的以 60 为周期的序数，常用来纪时。

天干与地支

用"甲、乙、丙、丁"表示顺序的方法实际上包括 10 个字，即甲、乙、丙、丁、戊、己、庚、辛、壬、癸，称为"十天干"；另外，还有一组 12 个字的序数，即子、丑、寅、卯、辰、巳、午、未、申、酉、戌、亥，称为"十二地支"。

《西游记》开头第一句话，就是："盖闻天地之数，有十二万九千六百岁为一元。将一元分为十二会，乃子、丑、寅、卯、辰、巳、午、未、申、酉、戌、亥之十二支也。"由此可见，这天干地支是古人为了了解世界而设立的一种标准。

我们最常用的十进制数是怎么来的？是因为我们的手有 10 个指头，这使我们对"10"这个数目情有独钟。实际上，十天干也是这么来的。至于十二地支，则是起

源于远古时期人们对天象的观测。前面我们说过，木星运行一周天大约需要 12 年，于是人们就把黄道的一周分成 12 份，让木星一年运行一份，这后来就发展成为十二地支。

为什么叫"天干""地支"？古人认为前者反映的是"天之道"，好像一棵树的主干，所以叫"天干"；后者表现的是"地之道"，如同树的枝条，因此叫"地支"。

在古代，人们常用天干地支作为序数。现代我们也常用甲、乙、丙、丁等来对事物进行排序和分类，或用于排列等级。现代广泛使用拉丁字母之后，甲、乙、丙、丁用得比以前少了，比如过去的"维生素甲、乙、丙、丁"都被"维生素 A、B、C、D"取代了，但在很多地方，比如有机化学的命名中，仍然用甲烷、乙烯、丙醇等名称。

干支

《三国演义》第一回，写了农民起义军首领张角一句著名的口号："苍天已死，黄天当立；岁在甲子，天下大吉。""甲子"是什么意思？原来，这是天干地支的一个最重要的应用，人们把十天干和十二地支按顺序依次搭配，组成"甲子、乙丑、丙寅……癸亥"共 60 个名称，通称"六十甲子"。这 60 组文字循环使用，可以用来表示年、月、日、时的顺序。这个发明影响深

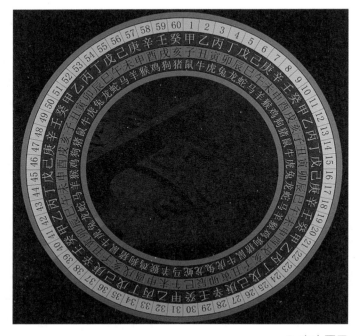

◎ 六十甲子

远，在天文、历法、地理、术数、计算、命名等各方面都有应用，是搭起中国传统文化的一副不可缺少的"框架"。

在纪年的时候，为了便于人们记忆，古人还专门设计了12种动物与十二地支搭配，称"十二生肖"，具体搭配是子—鼠、丑—牛、寅—虎、卯—兔、辰—龙、巳—蛇、午—马、未—羊、申—猴、酉—鸡、戌—狗、亥—猪。这样，我们知道了一个人是哪一年出生的，就能确定他是什么属相。

2. 一体两面：听史湘云解阴阳

《西游记》第七十五回"心猿钻透阴阳窍　魔王还归大道真"，讲到孙悟空在狮驼岭遇到三个妖怪，其中一个妖怪有一件法宝，叫"阴阳二气瓶"，如果把人装在瓶中，过了一时三刻，人就会化为脓水。那么"阴阳"是什么呢？它怎么会有这么大法力？

史湘云解释的阴阳

"阴阳"是中国古代哲学的一个概念，看似简单，却博大精深，描述出了自然与人生的根本规律。在《红楼梦》第三十一回中，有一段史湘云与她的侍女翠缕的对话，把中国传统文化中的阴阳观念解释得非常生动精彩。

🐉 原文赏析

翠缕道："这么说起来，从古至今，开天辟地，都是些阴阳了？"湘云笑道："胡涂东西！越说越放屁。什么'都是些阴阳'，难道还有两个阴阳不成！'阴''阳'两个字还只是一字，阳尽

了就成阴，阴尽了就成阳，不是阴尽了
又有个阳生出来，阳尽了又有个阴生出
来。"翠缕道："这胡涂死了我！什么
是个阴阳，没影没形的。我只问姑娘，
这阴阳是怎么个样儿？"湘云道："阴
阳可有什么样儿，不过是个气，器物赋
了成形。比如天是阳，地就是阴；水是阴，
火就是阳；日是阳，月就是阴。"翠缕
听了笑道："是了，是了，我今儿可明
白了。怪道人都管着日头叫'太阳'呢，
算命的管着月亮叫什么'太阴星'，就
是这个理了。"湘云笑道："阿弥陀佛！
刚刚的明白了。"翠缕道："这些大东
西有阴阳也罢了，难道那些蚊子、蚤蚤、
蠓虫儿、花儿、草儿、瓦片儿、砖头儿
也有阴阳不成？"湘云道："怎么没有
阴阳呢？比如那一个树叶儿还分阴阳呢，
那边向上朝阳的便是阳，这边背阴覆下
的便是阴。"翠缕听了，点头笑道："原
来这样，我可明白了……"

一阴一阳之谓道

古人的阴阳观念到底是怎么来的呢？可以想象一下，刚出生的婴儿是根本分不出自己和世界的区别的，在婴儿眼中，连自己和母亲仿佛都是一体的，总之，是一种物我不分的"一"的状态。后来，随着逐渐长大，人才慢慢有了"二"的观念——有了饱—饿、舒服—难受、白天—黑夜、天上—地下、热—冷、男—女等区分。慢慢地，人就会悟出来，原来这世界上总有两个对立的势力：一个是光明的、正面的或动态的势力，另一个是阴暗的、负面的或静态的势力。

这是所有人在成长中都会经历的，所有民族在他们的文明诞生时也都会形成这种观念。但是，我们中华民族有独特的智慧，我们的先人发现，这两大势力不仅是相互对立的，而且相互依存、相互转化，这种智慧最后就上升为"阴阳说"。

正如史湘云解释的，凡是相互关联的一对事物，或一个事物的两个方面，都可以分为阴和阳。除了她举的例子外，我们可以再举几个：白天是阳，晚上是阴；春夏是阳，秋冬是阴；雄性为阳，雌性为阴。比较抽象的例子如：上是阳，下是阴；奇数是阳，偶数是阴；向外张开是阳，向内收缩是阴；控制的是阳，从属的是阴；浪漫理想是阳，脚踏实地是阴；等等。

阴和阳不仅对立，二者也是可以互相转化的，史湘云说得很明白，"阳尽了就成阴，阴尽了就成阳"。《易

传》里有"一阴一阳之谓道"的说法。"道"在中国古
代是一个非常博大且深奥的字眼，它表示世界的本原和
规律，代表着最高真理。"一阴一阳"指的就是阴阳的
交合、交替，说它们是"道"，意思是，阴阳的交合是
宇宙万物的起点，阴阳的交替是宇宙运作的根本规律。

　　四大名著里有很多关于八卦的描述，比如：《西
游记》中太上老君的"八卦炉"，《三国演义》里诸
葛亮入川时布的"八阵图"；还有《西游记》中不知
出现多少次的类似"好大圣，捻着诀，念个咒语，往
巽地上吸一口气，呼的吹去，便是一阵狂风"的描写，
这是因为"东南巽"代表风；《水浒传》第一〇一回
提到了"艮岳"，这是一座皇家园林，坐落在京城的
东北角，按八卦，东北方属艮，所以叫艮岳。

知 识 卡 片

　　八卦　阴阳说的进一步推演，"—"代表阳，"--"
代表阴，用三个这样的符号排列组合，可以组成八
种不同的形式，故称八卦。每卦的符号、名称、代
表的事物和方位如右图所示。在古人眼里，八卦就
像八只无形的大口袋，把宇宙间的万事万物都装进
去了，八卦再互相搭配又变成六十四卦，可以用来
推演各种自然现象和人事。

❀ 阴阳鱼与八卦图

3. 金、木、水、火、土：五行相生相克

《西游记》中，孙悟空大闹天宫时，众神无法抵挡，最后玉皇大帝请来了西天的如来佛祖，才把孙悟空制服。如来佛祖用的是什么手段呢？原著是这样描写的："翻掌一扑，把这猴王推出西天门外，将五指化作金、木、水、火、土五座联山，唤名'五行山'，轻轻的把他压住。"

这可能是我们在读四大名著时，对"五行"这个词印象最深的一处。那么"五行"究竟是什么东西？它怎么会有这么大的威力？

五行：自然界的五种物质属性

金、木、水、火、土五行说，是我们先辈的又一项特殊的创造。

人们在认识世界时，把事物分成"阴"、"阳"，这还只是最基本的分法。实际上，世界上的事物太复杂了，不是只有对立和转化，还有两个以上事物的"制约""多边"或"追逐"式的关系，所以还需要细分。

这样，可以把"阴"、"阳"各自再继续分下去，于是有了"两仪生四象，四象生八卦"。但是，无论四还是八，都是偶数，还是对称关系，不容易构成"多角"或"追逐"式的头尾相接的关系，必须创造一套奇

119

数的划分法才好。于是，我们的先人选定了"五"。为什么选择"五"呢？因为"三"过于简单稳定（所以三角形是最稳定的几何图形），而"七"又太复杂了，选它的话，元素之间的关系会变得很乱，不好把握。

古人还使用了五种物质"金、木、水、火、土"来代表自然界的一切事物所具有的共同功能结构，也就是属性。事物的属性是这样规定的：凡是有清洁、降温、收敛等作用的事物，就属于金；凡是有生长、生发、舒畅作用的事物，就属于木；凡是有寒凉、滋润作用，或向下运动的事物，就属于水；凡是有温热、升腾作用的事物，就属于火；凡是有生化、承载、接纳作用的事物，则属于土。

《水浒传》第九十六回，写被招安后的梁山好汉征讨田虎的部下乔道清。乔道清驱使五龙山五条龙，这五条龙飞在半空，按五行是金、木、水、火、土，按五色是白、青、黑、红、黄，相生相克，搅作一团，这展示的就是五行的力量。

五行的配置

《水浒传》中说那五条龙时既按五行，又按五色，这是为什么呢？这就是古人安排的世上万物在五行中的归属，最基本的归属有：

五行　木、火、土、金、水

五方　东、南、中、西、北

五气　风、暑、湿、燥、寒

五色　青、红、黄、白、黑

后来又有了更多的配置：

五味　酸、苦、甜、辛、咸

五脏　肝、心、脾、肺、肾

五情　喜、乐、怨、怒、哀

最后，世界上自然的、生命的、社会的大量事物都可以按五行来分类和归属，形成一个越来越庞大的、颇具内部关联的体系，再与阴阳、气的观念相结合，就形成了中国传统科学的主体要素。

所以，《西游记》第四十一回写红孩儿的法宝五辆车子"五辆车儿合五行，五行生化火煎成。肝木能生心火旺，心火致令脾土平。脾土生金金化水，水能生木彻通灵"就好理解了，原来这是把五行与五脏的配置都放到一起说了。

五行的相生相克

那么前面说的"肝木能生心火旺"等又是怎么回事呢？原来，这说的就是五行间的制约关系——相生相克。

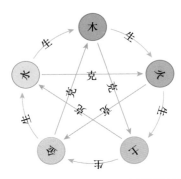

◎ 五行及其生克

"生"就是促进、助长，五行相生的顺序是木生火、火生土、土生金、金生水、水生木；"克"就是阻碍、抑制，五行相克的顺序是水克火、火克金、金克木、木克土、土克水。

这五种特性看似简单，但比较合理地包含了自然界各种事物以及它们的制约关系，相当高超地表现了我们的祖先在那时认识世界的水平。

这样，我们对前面写红孩儿的"肝木能生心火旺，心火致令脾土平。脾土生金金化水"就能理解了，原来这说的就是五行、五脏的相生关系。而像《三国演义》中写荀彧对曹操说的"汉以火德王，而明公乃土命也。许都属土，到彼必兴。火能生土，土能旺木"也就能理解了，这是古人把朝代、地域也都附会上五行，再加上生克关系而产生的推论。

《红楼梦》中贾宝玉为石，属土；林黛玉姓有双木，属木；薛宝钗当然属金；王熙凤，"熙"下为"火"，属火；史湘云，"湘"有三点水，属水。宝玉最不敢得罪林妹妹——木克土，薛宝钗嫁给了宝玉，而黛玉郁郁而终——金克木，宝钗最听王熙凤的话——火克金，咬舌的史湘云唯独不怕王熙凤——水克火，而湘云又特别听宝哥哥的话——土克水。贾宝玉住在怡红院，红属火，火生土，所以对宝玉有利。黛玉选了潇湘馆，水充足，水生木，当然住进去好。

西天的如来佛祖将五指化作五行山，为什么会有这么大的威力？因为五行属于道家，如来将五指化作五行山，相当于佛道联合，这力量就大了，于是"轻轻的把他压住"，孙悟空就无法变小脱身，只能待在那里了。

当然了，五行说只是在一定程度上反映了自然、社会中各种事物的相互关系，是古人认识世界的一种"快捷方式"，与现代科学体系没有可比性。况且后来，五行说与算命术和政治伦理结合时，许多解释是任意附会的，根本靠不住。但不管怎么说，两千年来五行说在中国社会起到了巨大作用，如果我们不明白阴阳五行，几乎就无法理解中国传统文化。

知 识 卡 片

五行的相生相克配置，显然来自于古人对自然界的观察。因为木头可以燃烧，所以"木生火"；火燃烧后的灰烬与土类似，所以"火生土"；金属都是从地下开采提炼出来的，故"土生金"；金、木、土三种固体"元素"中，金是唯一可以熔化为液体的，因此"金生水"；树木必须有水才能生长，当然就是"水生木"了。五行相克的配置就更自然了：水能灭火，火能熔金，金能伐木，木能垦土（古代最早用木质农具），土能拦水（这从大禹治水就开始了）。

4. 九宫八卦阵：传统科学要素大全

中国古代传统文化中的干支、阴阳、五行、四象、八卦等，并不是各自独立的，而是互相关联，组成了一套庞大的体系。《水浒传》《三国演义》中多次写行军布阵，那阵势简直把人看得眼花缭乱，其实里面是非常有学问的，就是包含着这样一套体系。

干支、阴阳、五行、四象等之间的关系

朋友们一定见过风水罗盘，那上面一圈圈的字能把人看晕，今天我们不去讲它，因为那里面有不少迷信的东西，是靠不住的。我们这里只是也照这样做一幅简图，通过这幅图，干支、阴阳、五行、四象、八卦等之间的关系就一目了然了。

首先，东方苍龙配青、配木、配五脏的肝、配四季的春，南方朱雀配赤、配火、配心、配夏，西方白虎配白、配金、配肺、配秋，北方玄武配黑、配水、配肾、配冬，中央则配黄、配土、配脾。

外面的一圈是二十四方位，先从正北开始，把十二地支全用上，平均分布，所以正北为子，正东为卯，正南为午，正西为酉；再把十天干的甲乙、丙丁、庚辛、壬癸分别放在卯、午、酉、子的两侧，代表东、南、西、北；剩下的东北、东南、西南、西北四个方位则用八卦

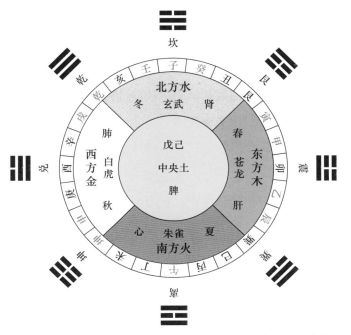

◎ 中国古代文化要素的分配

中的艮、巽、坤、乾代表，这就组成了二十四方位。至于天干中的戊己，则分配给中央土了。

其主要内容可以这样记：东方春青色，苍龙甲乙木；南方夏赤色，朱雀丙丁火；西方秋白色，白虎庚辛金；北方冬黑色，玄武壬癸水；中央黄色，戊己土。

宋江的九宫八卦阵

在古代战争中，大的行军布阵，特别讲究布局，而

125

这种布局是离不开传统文化要素的。下面我们以《水浒传》第七十六回"吴加亮布四头五方旗 宋公明排九宫八卦阵"中的描写为例，来简略说明这一点，希望朋友们了解一些这方面的基本知识，以后再读到类似的内容，就不至于感到过于头昏脑涨了。

宋江的这个阵势，共九队兵马，分别布置在八个方位和正中央。

正南方的军队，按南方丙丁火，全是红甲红袍，朱缨赤马，前面一面引军红旗，上面用金线绣着南斗六星和南方朱雀——全是按"赤""火"和南方星宿设计，甚至那大将都是"霹雳火"秦明。

正东方的军队，按东方甲乙木，全是青甲青袍，青缨青马，引军青旗，绣的是东斗四星和东方青龙——按"青""木"和东方星宿设计。

正西方的，按西方庚辛金，则是白甲白袍，白缨白马，引军白旗，绣着西斗五星和西方白虎之状——按"白""金"和西方星宿设计。

正北方的，按北方壬癸水，是黑甲黑袍，黑缨黑马，引军的是一面黑旗，绣着北斗七星、北方玄武——按"黑""水"和北方星宿设计。

而东南方的军马呢，则是"东""南"结合，青旗红甲，引军旗绣着巽卦和飞龙，叫作"青旗红焰龙蛇动，独据东南守巽方"。

西南方的军马，是红旗白甲，引军旗绣着坤卦和飞熊，正是"红旗白甲火云飞，正据西南坤位上"。

东北方的军马，皂（黑）旗青甲，引军旗绣着艮卦和飞豹，当称"皂旗青甲烟尘内，东北天山守艮方"。

西北方的军马，白旗黑甲，引军旗绣着乾卦飞虎，此乃"一簇白旗飘黑甲，天门西北是乾宫"。

八阵的中央，按中央戊己土，则是黄袍铜甲，黄马黄缨。还插有六十四面长脚杏黄旗，上面绣出六十四卦，按东、南、西、北四个门分布。黄旗中间，立着那面"替天行道"杏黄旗，后面又分四面立着二十八面旗，绣着二十八宿星辰，中间立着一面金碧辉煌的帅旗。

这八方加上中央，就是"九宫"。整个阵势，书上说"明分八卦，暗合九宫。占天地之机关，夺风云之气象。前后列龟蛇之状，左右分龙虎之形。丙丁前进，如万条烈火烧山；壬癸后随，似一片乌云覆地"，把以童贯为首的官兵惊得魂飞魄散，杀得一败涂地。

在第八十七回，宋江军战辽兵时，辽兵的"混天阵"除了九宫八卦外，还把太阳、太阴、五大行星都排上了，二十八位将军也按二十八宿一一对应，可见《水浒传》的作者对这些传统文化要素是非常精通的，当然对于我们来说，知道以上这些对理解原著更有帮助。

陆 观天推运 异兆谶语

朋友们读到这里，可能会感觉到，中国古代天文与现代天文学，它们之间的差别太大了！比如在中国古人眼里，天上的星座居然与人间的朝廷、城堡、百官相对应，明亮流星的坠落代表着大人物的死亡，军事家打仗时也要按天上的星宿来领兵布阵……而在现代天文学里，可没有这些事。现代天文学认为宇宙天体是独立于人类社会之外而存在的，它与我们人类没有直接的联系，天文学家基本是带着超然的态度去探索宇宙奥秘的。

当然，中国古代天文学家的工作，也是在探索宇宙奥秘，但不同的是，我们的先辈是在"天人合一"思想和"天命观"基础上来探索的，他们认为，"天"与"人"有不可分割的关系，这就是中国古代天文的特色。这种特色简直渗透

到中国传统文化的方方面面，所以这里我们必须专门
拿出来讲一讲四大名著里那些天上的星星与人事对应
的故事。

1. 天人合一：母与子相互感应

在前面"宇宙开辟 天圆地方"中我们就提到，古人认为，宇宙在未诞生的时候，"天""地""人"都混于其中，浑然不分；等宇宙诞生时，轻、清的物质就上升成为天，重、浊的物质下降成为地。但问题是"天""地"的分化好理解，"人"怎么也混在其中？

天、地、人"三才"

我们的先辈认为，宇宙诞生时，除了轻物质上升、重物质下降分别形成天和地之外，还有一些清浊分不清的物质，就在天地之间形成了人。这样，宇宙上是天、下是地、中间是人。天地与人虽然分开了，但由于人是天地生出的，所以它们之间仍然保持着千丝万缕的联系，这就叫"天人合一"。这就是中国传统文化与其他民族文化的一个截然不同之处。

《西游记》第一回说道："天清地爽，阴阳交合。再五千四百岁，正当寅会，生人，生兽，生禽，正谓天、地、人，三才定位。"古人把"天、地、人"并列，称为"三才"，把"人"提高到在宇宙中这么重要的位置，这正是"天人合一"观念的反映。《红楼梦》中讲打牌时的牌名，就有"天牌、地牌、人牌"的区分，也来自这样一种观念。

131

知 识 卡 片

"天人合一"的正面意义 "天人合一"观念，强调人是自然的一部分，从这个角度看，这是一种智慧，它主张人们融入自然中，在此基础上应该可持续地开发自然。以前人们站在峰顶藐视自然、掠夺自然，甚至破坏自然，不过今天，我们终于明确认识到：人就是自然的一部分，在这个意义上，天、人就是合一的，不能动不动就"征服自然"；人必须保护环境，因为保护环境就是保护我们自己。将"人"与"天"的关系理顺，才可能有蓝天碧水、草木繁茂、鸟语花香、风调雨顺、人寿年丰的生活环境。

在古人眼里，人既然是天地生出的，天是母，人是子，母与子就会互相感应。古人认为，天的代表是"天帝"（民间叫"老天爷"或"老天"），它无时不在洞察着人间，而且惩恶扬善，常常做出一些星象上的变化，来显示老天的意志。老天对人类满意时，会用祥瑞的天象（如景星、庆云）来表彰奖励；老天要干预人间时，则用反常的天象（如行星的交会、火流星）来"温馨提示"下界，要有事变发生了；等老天要惩罚人间时，就用大凶的天象（如日食、彗星）先来一下"严正警告"，然后再动手。

就是这样的星象天命观，引出了下面我们要讲的那些故事。

星象天命观

"天人合一"思想也衍生出了一些很不靠谱的东西，

比如前面提到的星象天命观。举《三国演义》中的例子来说，第三十三回写曹操挟天子以令诸侯，平定辽东之后，谋臣程昱出了个主意："下一步我们该谋取江南了！"于是曹操率领众臣，在夜晚登上冀州城的角楼，凭栏仰观天文。看了一会，曹操说："看南方的星星，正旺气灿然，恐怕不能得手。"

这真是个神奇的现象，对预言者来说，这也是个神奇的本事。我们知道，后来曹操在赤壁被孙刘联军打得大败，从此再也不敢谋取江南。这个结局，原来在之前的星象中就已经显示出来了！这种星象天命观不仅贯串于《三国演义》，也贯串于四大名著和几乎古代的所有作品中。

天命观认为，天有"天数"，而地上，无论国家、集体还是个人，则有"气数"，"天数"决定人间的"气数"。所以小说中的一些能人会预言国家的兴衰、战争的胜败和人物的命运。特别是在三国那样纷乱迭起的时代，很多人为了实现个人抱负而现身历史舞台，有的人顺天努力，有的人逆天而为，也有的人明知不可为而为之。这些故事的真假我们姑且不论，但有了这种故事，随后情节的发展、人物的性格肯定就会变得有趣多了。

2. 神机妙算之一：夜观天象知吉凶

在第三讲，我们曾讲到《三国演义》里多个流星坠地预兆大将身亡的故事，其实不光是流星坠地，在古人眼里，各种天象，包括月亮的运行、行星的交会、恒星的亮暗变化、彗星的出现与消失，等等，都可能会预兆着人间有大事要发生。《三国演义》《水浒传》里这样的故事最多。当然，一般人观天，是看不出什么来的，只有精通天象的高人才能看出，于是成就了神机妙算的各种传说。

观星看气数

《三国演义》第七回，写江东的孙坚率大军围住了襄阳，守城的刘表危在旦夕，但这时，刘表的谋士蒯良对刘表说："我夜观天象，看见一颗将星摇摇欲坠，按星星在天上的位置分析，这颗星当应在孙坚身上，所以不必惊慌。"果然第二天，孙坚就在追击中误入埋伏圈，死于乱箭乱石之下。看来这蒯良真是一位高人，通过观测星星，就提前预知了对方将领的命运。

《水浒传》中也有类似的故事，第三十九回中，写官府中有一个专好钻营、总想寻机陷害别人的官员黄文炳，见到了宋江题在浔阳楼墙上的醉酒之诗，发现自己升官发财的机会要到了，又听知府说："最近朝廷的司天监官员上奏，说夜观天象，发现罡星正照临吴、楚，说明这一带有犯上作乱的人。"他又分析了街市上儿童传唱的歌谣（见本讲"4.国运征兆：灾异谶语与童谣"），于是认定宋江就是那要造反的人。司天监官员都是"国家天文台"的天文学家，他们说的话非常有权威性，拿他们的话来说事，当然谁也不敢不信。

不过，有时候观天象之后做出的预言，只是设的计谋而已。《三国演义》第八回，写王允见董卓专权，大汉朝廷正面临危机，于是王允便设了一场连环计，想借吕布之手除掉董卓。为了先获得董卓的信任，他就寻机

◎ 司天台夜观天象

向董卓称贺："我自幼研习天文，夜观天象，发现汉家气数已尽。您的功德无量，若能得到汉家天下，正合天意。"董卓大喜，最后终于上了王允的圈套。看来董卓不懂天象，一听王允这话，就完全信了。

再看《三国演义》赤壁之战中诸葛亮的计谋。赤壁一战，曹操大败，几十万大军灰飞烟灭，曹操率一小撮残兵败将要从华容道逃回北方。这时候，诸葛亮早已意料到这一点，就派关羽去把守华容道。可是，因为关羽"千里走单骑"期间欠有曹操的人情，而且关羽这人最讲义气，于是刘备担心地问诸葛亮，关羽会不会把曹操放走。这时候诸葛亮才说出真意："亮夜观乾象，操贼未合身亡。留这人情，教云长做了，亦是美事。"

这句话，当然可以直接理解为是诸葛亮夜观天象窥到了"天机"，也可以理解为是他权衡三家力量后做出的妙算。试想，这时候如果趁机把曹操杀掉，曹氏政权会彻底崩溃，孙权可能会乘势席卷北方，打垮曹魏，然后回身把立足未稳的刘备集团也灭掉，所以，对刘备政权来说，留下曹操制衡孙权是最好的选择。这样看来，"亮夜观乾象"云云也不过是托词了。

沮授观天预言战事

从以上几个例子我们可以看出，古人对占星预言这类事的态度是很微妙的：有坚信不疑的，也有借此为理由设定计谋的，后者表现的是半信不信；另外，还有根本不信的。下面我讲讲《三国演义》官渡之战中的一段故事。

官渡之战是东汉末年的著名战役，这是曹操军队与袁绍军队的一次决战。战役中，袁绍的谋士沮授提出"坚守待变"的建议，认为曹操远道而来，粮草不多，等他们耗尽了粮草再进攻不迟，但袁绍自恃兵多将广，认为沮授的建议是怠慢军心，就将他抓起来，囚禁在军中，然后率大军贸然进发。接下来的故事是这样的：

原 文 赏 析

且说沮授被袁绍拘禁在军中，是夜，因见众星朗列，乃命监者引出中庭，仰观天象。忽见太白逆行，侵犯牛、斗之分，大惊曰："祸将至矣！"遂连夜求见袁绍……授曰："适观天象，见太白逆行于柳、鬼之间，流光射入牛、斗之分，恐有贼兵劫掠之害。乌巢屯粮之所，不可不提备。宜速遣精兵猛将，于间道山路巡哨，免为曹操所算。"绍怒叱曰："汝乃得罪之人，何敢妄言惑众！"因叱监者曰："吾令汝拘囚之，何敢放出！"遂命斩监者，别唤人监押沮授。授出，掩泪叹曰："我军亡在旦夕，我尸骸不知落何处也！"

一般的军事将领，对星占家的预言都敬畏三分，为什么袁绍却说这是"妄言惑众"而偏偏不听？难道他不信星象学说？这我们不知道。只知道后来的结局是，曹操果然奇袭了乌巢，烧毁了袁绍的粮草，袁绍军队没有了后勤给养，最终大败。

看来，星占家预言这类事其实是很微妙的。小说里沮授这样的星占家，本来对战役的走向已经做出了预测，但是主将却没有听从，因为袁绍这人缺少智谋、不听劝谏——明明星象已经暴露了曹操的企图，但天命还是倒向了曹魏的一面，这说明在战役中，人谋的作用也很重要。

月离于毕雨滂沱

有时候，夜观天象并不是要直接从天象看出人事的预兆，而是要做出"天气预报"，如果近期有军事行动，就可以根据这天气预报来制定。《三国演义》讲"司马懿入寇西蜀"时就有一段这样的故事。说魏将司马懿率领40万大军进犯蜀国。诸葛亮闻讯后，派手下将领张嶷、王平带领一千兵士去陈仓古道把守，挡住魏兵。这两个人一听，非常吃惊，说："丞相，魏国40万大军压境，声势浩大，你只让我们带领一千人去守关，那怎么守得住呢？您若要杀我们，现在就请杀好了，我们绝无怨言，只是不敢去。"

诸葛亮没办法，只好"泄露天机"，哈哈大笑着说："我让你们去，自有我的主见：昨夜我观测天象，发现月亮正犯毕宿，说明这个月内必有连日的大雨，随时会有山洪暴发。大雨一来，魏兵还敢深入？你们尽管放心前去。我率领大军在后，以逸待劳，等魏兵一退，再追杀他们一番，还不能以一当十？"听了这话，两人才茅塞顿开，放心地领兵前去。

古代就有"月离于毕雨滂沱"的说法（离是"遭遇"的意思），认为月亮靠近了毕宿，就会下大雨（当然从现代气象学的观点看，这没什么根据）。原来诸葛亮根据天文观测做出了大雨预报，这样才安排的军事行动。

不料，对手司马懿也不是等闲之辈，司马懿率领大军走到半路时，夜观天文，也做出了同样的预测，于是在山外驻扎。果然不到半个月，大雨不止，河水暴涨，驻地都水深三尺。大雨一连下了30天，魏军草尽粮绝，只好撤退。

孔明不拘天道

《三国演义》对诸葛亮的描绘仿佛他神机妙算、智慧过人到了近妖的程度，可结果却是败多胜少，力撑危局，内外交困，最后逝世于五丈原。这是为什么？书中在字里行间告诉我们说，这就是"天命"。

第九十一回，写诸葛亮上《出师表》，准备第一次北伐。朝廷中的天文官谯周向皇帝奏道："臣夜观天象，发现代表北方的星，气色旺盛，比往常加倍地明亮，这样看来，不能北伐。"又转身对诸葛亮说："丞相您是深晓天象的人，干吗要强行做这种违背天道的事呢？"你猜诸葛亮怎么说："天道总是在变的，哪可拘泥于一两处天象？我这次先驻军在汉中，观察北方的动静，再采取行动。"于是他毅然出兵北伐。经过双方互有胜败的多次交锋，还有过"失街亭"和"空城计"这样的大戏，最后诸葛亮还是无功而返。

诸葛亮自称"六出祁山"，也就是说，这样的北伐有过六次，最后一次是在第一○二回，在出师前，交战双方对天象的观察和判断是一样的。

原文赏析

却说谯周官居太史，颇明天文，见孔明又欲出师，乃奏后主曰："臣今职掌司天台，但有祸福，不可不奏：近有群鸟数万，自南飞来，投于汉水而死，此不祥之兆；臣又观天象，见奎星躔于太白之分，盛气在北，不利伐魏；又成都人民，皆闻柏树夜哭：有此数般灾异，丞相只宜谨守，不可妄动。"孔明曰："吾受先帝托孤之重，当竭力讨贼，岂可以虚妄之灾氛，而废国家大事耶！"

再看魏国方面的反应。

曹睿大惊，急召司马懿至，谓曰："蜀人三年不曾入寇；今诸葛亮又出祁山，如之奈何？"懿奏曰："臣夜观天象，见中原旺气正盛，奎星犯太白，不利于西川。今孔明自负才智，逆天而行，乃自取败亡也。臣托陛下洪福，当往破之……"

在魏蜀吴三国的鼎足之势中，蜀国偏居于西南四川盆地，一直最弱，几乎没有统一中原的优势，而且还是最先被灭掉的。蜀国的败亡当然有复杂的原因，在书中却都归于了"天命"，作者还借后人的诗句说"魏吞汉室晋吞曹，天运循环不可逃"（第一一九回）。诸葛亮本是一位胸怀大志、富于才智，而又想有所作为的人物，他不拘天道，正是他对天命观认识的灵活性的一面。只是他生不逢时，虽然鞠躬尽瘁，耗尽心血，最后还是"出师未捷身先死，长使英雄泪满襟"。

预兆不仅是天象

前面刚提到，天文官谯周还上奏"近有群鸟数万，自南飞来，投于汉水而死""成都人民，皆闻柏树夜哭"，这些并不是天象，天文官管这些做什么？原来，按古人的天命观，星占的预兆包含的范围很广，比如，古人把天上的云气、虹霓、日晕、月晕等现在看来是气象的东西，都看作天象；还有，只要是古怪反常的事，都认为是大事的预兆，统称"占象"。

《三国演义》一开头，东汉皇帝的宫殿"殿角狂风骤起。只见一条大青蛇，从梁上飞将下来，蟠于椅上""忽然大雷大雨，加以冰雹，落到半夜方止，坏却房屋无数""海水泛溢，沿海居民，尽被大浪卷入海中""黑气十余丈，飞入温德殿中""有虹现于玉堂""五原山岸，尽皆崩裂"……说了一大堆，其中有灾难，有异常现象，古人认为这些都是一种天命的预兆，书中写这些，正是为随后的天下大乱做好了铺垫。

还有第三十二回，说曹操的长子曹丕，"初生时，有云气一片，其色青紫，圆如车盖，覆于其室，终日不散。有望气者密谓操曰：'此天子气也。令嗣贵不可言！'"显然这条太不靠谱，分明是曹操为了夺取大汉的政权所做的宣传。要是当初真有这事，传出去让皇帝知道，曹氏一家的性命早保不住了。

《水浒传》第六十回"公孙胜芒砀山降魔 晁天王曾头市中箭"，晁盖见宋江风头越来越盛，越来越显不出自己天王的重要性，决定亲自带兵下山捉拿曾头市的史文恭，宋江苦谏不听，只好由他去，于是宋江与吴用、公孙胜等将晁盖送到山下，在金沙滩饯行。

 原文赏析

饮酒之间，忽起一阵狂风，正把晁盖新制的认军旗半腰吹折。众人见了，

尽皆失色。吴学究谏道："此乃不祥之兆，
兄长改日出军。"宋江劝道："哥哥方
才出军，风吹折认旗，于军不利；不若
停待几时，却去和那厮理会，未为晚矣。"
晁盖道："天地风云，何足为怪？……"

　　这又是一个不信天命的人。大将出征前，帅旗的旗杆被吹折，是各种小说中常写的一种"不祥之兆"，晁盖偏不信这邪，最后，果然在两军交兵时中毒箭身亡。作者在这里，是用这个事例大力强调"天命"的作用。

　　还有一个与此类似的进军前的预兆。《三国演义》第一〇八回，魏国率大军攻吴，吴太傅诸葛恪率兵迎战，初战告捷，将魏兵击退。于是诸葛恪来劲了，决定乘势进取中原，发起大兵二十万，准备出征。出发前，忽然有一股白气，从地面冒起，越来越大，越来越浓，转眼间遮断了三军视线，人们对面谁也看不见谁了。这时大臣蒋延说："这种气叫'白虹'，预兆着军队失利，太傅您只能班师回朝，不能再进军伐魏了。"诸葛恪听了大怒："在这关键时刻，你竟说出这样的话，动摇我的军心！"于是喝令武士将他斩首，众将央求才得以告免，但诸葛恪还是把蒋延一撤到底，贬为平民，然后继续催兵前进。可以想象，最后诸葛恪果然大败而归。

3. 神机妙算之二：参星祈雨借东风

古人的神机妙算，不仅表现在那些能人可以根据天象来预言人间的事，有时人还能主动作为，让人生或大自然按自己的意愿发展，比如普通人的拜星求福，星占家的作法祈雨求风等等。这也是与"天人合一"观念一致的，因为"天人合一"观念认为，不但老天能决定人的命运，反过来，人的所想所做，也能影响或感动老天，使老天改变原定的做法。所以，"天人合一"又叫"天人感应"。而西方的"宿命论"就没有这种观念，西方人认为，人的命完全是天注定，人是没有力量改变自己的命运的。

诸葛亮借东风

"诸葛亮借东风"是《三国演义》中大家非常熟悉的故事。说的是曹操平定了北方的各路兵马之后，志在统一中国，于是率领几十万大军水陆联合，向江南进发，在长江边的赤壁，与孙刘联军对峙。

这时的形势是曹兵强大，而孙刘联军兵力不足，怎么迎战？诸葛亮与吴将周瑜共同制定了火攻方案，准备用火烧毁曹操连在一起的战船。但最后他们忽然发现，曹操的战船在江对面西北，孙权的战船在江岸东南，当

◎ 诸葛亮登台祭风

时正是隆冬时节，刮西北风，如果用火攻，最后火只会
烧向自己的战船。这下把周瑜急得顿时口吐鲜血、不省
人事。但是，诸葛亮成竹在胸，说可以在江边建一座祭
风台，他上台做法，即可借得三日三夜的东南大风。一
切安排妥当后，诸葛亮沐浴斋戒，身披道衣，披头散发，
上台祭风。

原文赏析

是日，看看近夜，天色清明，微风
不动。瑜谓鲁肃曰："孔明之言谬矣。
隆冬之时，怎得东南风乎？"肃曰："吾
料孔明必不谬谈。"将近三更时分，忽
听风声响，旗幡转动。瑜出帐看时，旗
脚竟飘西北，霎时间东南风大起。

于是周瑜派准备诈降曹魏的黄盖，乘船带上火种，
直奔曹操水寨，临近后一齐发火，在东南风的协助下，
曹操的连环战船顿时被火烧连营。这就是著名的"赤壁
之战"。此战曹操大败，从此奠定了南北分裂，继而三
国鼎立的局面。

结合前面说的诸葛亮根据"月离于毕"预测将有暴
雨的故事，还有预测大雾草船借箭的故事，有人认为，
诸葛亮懂天气预报，预测到了那一天会有东南风，上坛
作法只是故弄玄虚，为了震慑江东而已（电视剧里就是
这么强调的）。但不管怎么说，在古代，这种法术是非
常有市场的，是社会意识的主流，绝大多数人都是深信
不疑的。

"妖人"于吉祈雨

于吉是东汉末年一位著名的道人,《三国演义》把他写成了一个法术高强、自己能起死回生的妖人,与他作对的孙策最后竟被他的法术整死,写得神乎其神。

第二十九回"小霸王怒斩于吉　碧眼儿坐领江东",说的是孙坚死后,他的长子孙策坐领江东。孙策武艺高强,脾气暴躁,人称"小霸王"。一次,孙策在交战时受伤,养伤期间,他在城楼上会宴宾客,忽然楼下走过一个人称"于神仙"的道士于吉,百姓都焚香礼拜,连宾客们都下楼去拜。孙策大怒,说这准是个煽惑人心的妖人,命武士速去把他拿下斩首。重臣张昭和他的母亲吴太夫人都来劝,他全都不听。

有一个大臣说:"听说这人能祈风祷雨,现在正值天旱,何不让他来求雨,就能验出真假了。"于是孙策命人把于吉在烈日之中推到坛上求雨,并说:"假如到午时还没有雨,就烧死这个妖人!"到了正午,还没有雨,武士就将于吉扛上一个大柴堆,点着了火,要烧死他。就在这时,忽然空中一声巨响,雷电齐发,大雨如注,顷刻之间,柴堆的火焰熄灭,街市水流成河。

这时孙策本该服这道人了,不料他见官民都在水中跪拜于吉,更勃然大怒,说:"晴雨是天地的定数,你这妖人只是赶巧了而已,怎能让你妖言惑众!"最后他还是下令把于吉砍了头。

按书中说的，于吉似乎没死，因为他又夜间装鬼，站在孙策床前吓唬他。吴太夫人叫孙策去玉清观祈祷免灾。哪知孙策到了观中，见香炉的烟上也坐着于吉。孙策又大怒，说这观也是藏妖之所，传令放火烧毁殿宇。哪知火起处，又见于吉在火光中出现。孙策回家，门口还是站着于吉。最后连他照镜子照出的都是于吉，终于孙策"拍镜大叫一声，金疮迸裂，昏绝于地"，撒手人寰。

当然这故事都是罗贯中编的，不过古人认为，得道高人确实是能求来雨的，小说里这样写，是用来表现孙策这人刚愎自用，逆天而行，最后不得善终。小说第六十八回，还有一个左慈与曹操的故事，与上面的故事很类似，但结局不同，曹操只是因此大病一场，并没有死。因为曹操虽被说成是奸雄，但还不算是逆天而行。

参星礼斗和道坛法事

前面讲过的古代文人拜魁星、普通人拜福禄寿三星，其实也都是人们在"天人合一"观念下的一种"主动进取"行为，希望通过祭拜星神，求得老天赐福，从而改变自己的命运。

《红楼梦》第三十六回写到宝玉挨了父亲贾政的训打，贾母疼爱孙儿，让宝玉在大观园静养，不再督促他读书，嘱咐周围的人："以后倘有会人待客诸样的事，你老爷要叫宝玉，你不用上来传话，就回他说：我说了，一则打重了，得着实将养几个月才走得；二则他的星宿不利，祭了星不见外人，过了八月才许出二门。"这里的"祭星"就是贾府请人为宝玉祈福消灾的一种法事礼仪。祭了星后有许多忌讳，比如不能见外人、不能出门等等。还有宝玉的堂伯父贾敬，此人一味好道，在观中修炼，书中说他经常在修行时"参星礼斗"，这也应该是一种对北斗七星的崇拜。

还有，黛玉死后，凤姐在大观园见鬼，尤氏生病，于是人们传出来说大观园中有了妖怪，吓得人晚上不敢行走，白天也得结伴拿着防身器械才敢过。随后贾珍、贾蓉相继患病，"轻则到园化纸许愿，重则详星拜斗"，这个"详星拜斗"也是类似的祭星仪式。后来贾赦还请道士到大观园做了一场道坛法事，以驱邪逐妖，才算了事。

4. 国运征兆：灾异谶语与童谣

在中国古代的天命观中，对未来做出预言是很重要的一部分。这种预言除了一些高人会"观天知命"和"神机妙算"之外，还有一种隐晦的表达方式，就是用谶语和儿童歌谣对国运或人物命运做出预言。这是中国古代一种特有的、既神秘又有趣的文化现象，四大名著里有很多这方面的描写，在情节的发展、线索的安排上都起到了很重要的作用。

应验的神秘谶语

对事后能应验的神秘预言，古人是特别信服的，还为这种预言专造了一个字：谶（chèn）。所以，"谶语"就是指当时被人有意无意说出的预言未来的话语，后来居然应验了。谶语多是合辙押韵的顺口溜。

《三国演义》第一回，开头写了国家各种灾异现象之后，马上说到了黄巾起义，首领张角传言："苍天已死，黄天当立；岁在甲子，天下大吉。"这就是一种谶语。"苍天"指东汉王朝，因为汉代官员、军队的衣服以苍青色为主，"黄天"当然是指黄巾起义军。他们密谋在甲子年（公元 184 年）起义，所以称"岁在甲子，天下大吉"。后来，东汉王朝果然在黄巾军的打击下差点崩溃了，于是才引出了后来豪杰蜂起、三国纷争的故事。

曹丕依图谶自立为帝

曹操把北方基本平定了之后，自任大汉丞相，皇帝完全变成一个摆设，大汉实际上成了曹魏一家的天下。曹操雄才大略、气满志得，试图席卷江南，统一中国，不料赤壁一战，大败而归，从此再也没有力量南征，最后形成曹、孙、刘三家鼎立的局面。

迫于当时的局势，曹操一直没敢自立为皇帝，但曹操死后，他的长子曹丕继任魏王之后却按捺不住了，决定废掉汉献帝、自立为皇帝，于是策划演出了一场"司天官许芝上奏"（《三国演义》第八十回）的戏码。这司天官许芝除了说一通汉朝的帝星暗淡、魏国的天象正旺这类的话外，还说图谶上写着："鬼在边，委相连；当代汉，无可言。言在东，午在西，两日并光上下移。"

这段谶语用的是拆字法，许芝解释说："鬼在边，委相连，是'魏'字也；言在东，午在西，乃'许'字也；两日并光上下移，乃'昌'字也。此是魏在许昌应受汉禅也。"于是曹丕大受鼓舞，终于逼汉献帝退位，自立为皇帝，建立了大魏国。

庚子岁青盖入洛阳

三国时期吴国灭亡之前，也有一段谶语，这段谶语则有一点黑色幽默的意味。我们这里先说一下三国兴亡的顺序：曹丕先在内部把汉献帝废掉，建立了魏国，随后刘备在西蜀称帝，建蜀汉，孙权也在江东称帝建东吴；然后是魏灭蜀汉，接着司马氏在内部灭魏，建立晋，最后是晋灭东吴，三分归一统。

东吴的最后一任皇帝是孙皓，此人性格暴虐、昏庸无道，面对日益强大的晋国，他偏安东南一隅，还自我感觉良好，人人都知道东吴要亡了，就他不知道，整天大兴土木、吃喝玩乐、滥杀无辜。后来他找术士算卦，预言未来之事，得到的谶语是："庚子岁，青盖当入洛阳。"青盖，即皇帝出行时车辇上的华盖，而庚子岁马上就要到了。孙皓听了大喜，他认为这是说，到了庚子年，他就可以踏平晋国，亲临洛阳了。

实际上，东吴衰败破落、民不聊生，晋国一直摩拳擦掌，寻机灭掉东吴呢。终于在庚子年，晋军大兵压境，灭掉了东吴，将孙皓连同他的青盖，一同俘虏到了洛阳。

预言宋江命运的谶语

《水浒传》中也有多个包含谶语的故事，比如第四十二回"还道村受三卷天书 宋公明遇九天玄女"，宋江被官兵追赶，逃到了九天玄女庙，九天玄女娘娘授给他三卷天书，而且降旨道："遇宿重重喜，逢高不是凶。北幽南至睦，两处见奇功。"这四句诗就是谶语，宋江当时不明白是什么意思，但是最后都应验了。"遇宿重重喜"，"宿"指的是第五十九回，宋江截获去华山降香的宿太尉。宋江用他的金铃吊挂，冒名进华州，解救了史进和鲁智深，从此梁山喜事不断。最后又是在宿太尉的帮助下，梁山才受了朝廷招安。"逢高不是凶"，是一句"辩证"的话，高俅本是宋江的死对头，但宋江打败了高俅，打出梁山的威名与实力，从此朝廷发现梁山用武力难以征服，才改用招安策略，所以从结局看，"逢高不是凶"。至于后两句，预示的是招安后，宋江帮朝廷对外讨伐辽国，对内征讨田虎、王庆、方腊。总之，九天玄女娘娘这四句谶语，预言了梁山今后的命运——当然她的预言是站在宋江立场上提出的，不是针对李逵、林冲等个别反对招安的梁山好汉的。

还有几句谶语，站在更高维度预言了宋江的命运。第八十五回，宋江讨伐辽国之前，拜会了公孙胜的师父罗真人，罗真人给他写下了八句谶语："忠心者少，义气者稀。幽燕功毕，明月虚辉。始逢冬暮，鸿雁分飞。吴头楚尾，官禄同归。"

这八句谶语在以后的情节发展中都得到了证实：前两句是说宋江的现状不乐观；接下来说他去幽燕伐辽，虽立大功，但是像月亮的虚光，没什么封赏；到了年末冬尽，梁山头领就会死的死散的散；"吴头楚尾"是说宋江一生的功业开始于吴地，但最终毙命于楚州。这几句谶语说得很明白，等于是泄露了天机，可惜宋江被功名利禄迷了眼睛，参悟不透，于是依旧南征北讨，最后在奸臣的陷害下丢了性命。

《水浒传》中还有很多针对个人的谶语，如前面提到过的鲁智深在钱塘江边的六和寺里睡到半夜，忽然听到外面战鼓声响成一片，要出去厮杀，众僧说，这是钱塘江潮信响声。鲁智深拍掌笑道："俺师父智真长老，曾嘱付与洒家四句偈言……今日正应了'听潮而圆，见信而寂'，俺想既逢潮信，合当圆寂。众和尚，俺家问你，如何唤做圆寂？"寺内众僧答道："你是出家人，还不省得佛门中圆寂便是死？"鲁智深笑道："既然死乃唤做圆寂，洒家今日必当圆寂。烦与俺烧桶汤来，洒家沐浴。"于是随后鲁智深焚香，在禅床上安然坐化。其他的例子还有一些，这里就不一一细说了，朋友们可以阅读原文，细心领会。

《红楼梦》中的谶语

至于《红楼梦》，谶语就更多了，但基本不是故事情节中自然出现的，而是作者曹雪芹为预示书中人物的命运和结局而硬造的。比如，第五回的金陵十二钗的判词和唱曲，几乎全都是谶语。而第二十二回的回目就是"制灯谜贾政悲谶语"，用每个人出的灯谜预示了他们各自的命运，像贾元春的谜语"能使妖魔胆尽摧，身如束帛气如雷。一声震得人方恐，回首相看已化灰"，谜底是"爆竹"，预示的就是她在贵妃之位突然病亡，荣华富贵一场空。另外像群芳夜宴时抽的花签，以及人物的诗句，甚至人物说的话，也有谶语的成分，有兴趣的朋友可以阅读相关的书籍，或是上网搜索，这里就不展开详述了。

要命的童谣

中国古代有个奇怪的现象，在王朝或重要人物出现重大变故的时候，有些谶语会以童谣形式出现和流传。现在我们说的童谣，指的是儿歌，是成人为了教孩子学习做人、掌握知识而编写并让孩子传唱的。而古代，几乎没有这样的童谣传下来（《三字经》《弟子规》是教材，不能算是童谣），我们所见到的古代童谣，基本都是政治童谣，是预示朝代兴亡、社会战乱的谶语。

董卓与童谣

在四大名著中，最著名的童谣就是《三国演义》第九回中那首"千里草，何青青！十日卜，不得生"了。这是说王允使用计谋，终于离间了董卓与吕布的关系，于是吕布准备杀掉董卓。这时，孩子们的这首童谣的朗诵声传到了董卓帐前。当时董卓不明白是什么意思，其实这也是个拆字谜："千里草"即是"董"，"十日卜"即是"卓"，加上"不得生"，谜底就是"董卓当死"。果然第二天早晨，董卓就被骗去受禅登基，当场被吕布杀死。

在这之前，还有一件董卓听到童谣的事。当时十七路诸侯起兵勤王讨伐董卓，董卓派吕布带兵迎战，却被打败了。面对诸侯压境，怎么才能存身？这时候，街头有人唱起了童谣："西头一个汉，东头一个汉。鹿走入长安，方可无斯难。"董卓的谋士李儒解释说："'西头一个汉'，指汉高祖刘邦定首都在西边的长安，传了十二位皇帝；'东头一个汉'，是东汉光武帝建首都于东边的洛阳，到今天也传了十二个皇帝。现在是中原逐鹿，丞相您把首都迁回长安，才能保证无事。"于是董卓当即焚烧了洛阳，挟持皇帝和百姓迁到长安去，显然，这一举动为他的最后灭亡又添了一把火。

刘备与童谣

当然《三国演义》里有些童谣是很直白的，如刘备在赤壁大战之前，已经得到了两位谋士，一位是卧龙诸葛亮，一位是凤雏庞统，但是在进军西蜀时，传来了童谣："一凤并一龙，相将到蜀中。才到半路里，凤死落坡东。风送雨，雨随风，隆汉兴时蜀道通，蜀道通时只有龙。"这首童谣很好懂，是说刘备派这两人入蜀时，在半道庞统就会死掉，蜀道通时只会剩下卧龙诸葛亮一个人了。果然庞统入蜀时轻敌冒进，死于落凤坡。

观
天
推
异
兆
识
语

等刘备快到西蜀时，又传出童谣："若要吃新饭，须待先主来。"这个就更好懂了，意思是刘备到来了，百姓才有好日子过。还有最后一回东吴小儿说的"宁饮建业水，不食武昌鱼；宁还建业死，不止武昌居"，是说东吴皇帝孙皓想从建业（今南京）迁都武昌（今鄂州），这首童谣是表现百姓坚决反对迁都的民意。

宋江与童谣

《水浒传》中也有一首著名的童谣："耗国因家木，刀兵点水工。纵横三十六，播乱在山东。"宋江在浔阳楼上酒醉作诗，被官员黄文炳看出来其中有造反的意思。黄文炳又听说皇家的司天监夜观天象，发现吴楚有作耗之人（作耗即作乱），再联系这首正在传唱的童谣，"家"字头加上木正是"宋"，水工正是"江"，而且刀兵乱国，还要凑足六六三十六之数，在山东闹事，那不是郓城宋江是谁？于是造反的罪名就坐实了，引出了后面无数的故事。

童谣是从哪儿来的？

讲到这里，一定有读者朋友会问：古代的小儿怎么这么有能耐，在懵懂之中就会编出童谣预言国家大事？

知 识 卡 片

　　阴阳人　《水浒传》中多次提到"阴阳人"，指的是"阴阳先生"，又叫"阴阳生"，他们是民间那些以选择吉日、占卜、看风水等活动为职业的人。按那时的习俗，人死后须请阴阳人选择吉日才能入殓、出殡。《红楼梦》第六十三回贾敬因为服金丹过量致死，随后贾家"命天文生择了日期入殓"。因为贾家是贵族，就不请民间的阴阳人，而要请皇家钦天监的官员，那些主管天象观测和推算的人，就叫"天文生"。

　　古人的解释当然很简单，说这是"天命"借小儿之口说出；现代人则解释说，这些童谣一定是成人编出的，但为了避免招祸，不敢直接传唱，就把它们悄悄教给儿童，儿童当然不知道这童谣的真正内涵，只是跟着学舌，于是就可以传开了。因为童言无忌，谁明白了这童谣的真正意思，也拿儿童没办法。当然，现在也有人认为，儿童可能真有些"神通"，儿童完全"跟着感觉走"，他们的思维，与成年人的理性思维是大大不同的。的确，现在人们掌握的科学知识还比较有限，远远不能解释一切，我们对这种现象还是抱着开放一点的态度为好。

不知大家知不知道，时间和历法也属于天文。因为从古到今，时间和历法的划分与周期都是以天体的运转为标准的，具体地说，是以地球和月亮运行的规律为标准的。地球、月亮的自转和公转都非常稳定，用它们来划分时间，既天然又实用。所以无论古代还是现代，总是"天文历法"放在一起说。

具体的时间划分是这么定的：太阳从东升西落到再次升起，叫一"日"或一"天"（这是地球自转造成的）；月亮圆缺变化一次，叫作一"月"（是月亮绕地球公转形成的）；春夏秋冬的四季变化，叫作一"年"或一"岁"（地球绕太阳公转形成）。

有了年、月、日，然后对它们再做整齐、方便的叠加安排，就形成了历法；把一天再往下细分，就分出"时""刻"，这就

159

是我们这一讲要说的内容。时间和历法的原理是不太好懂的，但结合故事或具体事例来讲解，一般的时间和历法知识就会变得生动有趣，很容易懂了。实际上，时间和历法与日常生活密不可分，所以四大名著里写到时间和历法的地方到处都是。下面我们就以其中的故事、线索为例，谈一谈中国古代时间和历法的安排与特点，以及记录方法、计时仪器等。

1. 农历：为什么是阴阳历？

《西游记》第一回写猴王出世后，"行走跳跃，食草木，饮涧泉，采山花，觅树果……夜宿石崖之下，朝游峰洞之中。真是'山中无甲子，寒尽不知年'。"这里写的，也有点像原始人的生活。因为当时没有历法，所以春夏秋冬中最冷的严寒时节已经过去了，但人们还是不知道新的一年即将来临。"甲子"的干支顺序为第一个，这里用来代表历法纪年。

等社会有了完整准确的历法之后，就是另一番说法了。《水浒传》第一回就先交代了故事发生的时间："话说大宋仁宗天子在位，嘉祐三年三月三日五更三点，天子驾坐紫宸殿，受百官朝贺。"这里说的日子和时间是怎么来的呢？下面我们就依次展开介绍。

从观象授时到制定历法

在三皇五帝时期以前，我国没有历法，人们只是日出而作，日落而息，当然肯定也没有什么"过年""过节"的概念。后来，我们的先辈逐渐掌握了"观象授时"的方法，可以根据观测的天象大致确定时节了，但这时还没有完整的历法，只能大致确定一年的长度和四季变化的节点，用以安排作物的播种、耕作、收获等。

随着观象授时经验的积累，历法逐渐成形。到了战国时代，历法已经比较精密了，到汉朝，司马迁等人编写了《太初历》，把一年的长度、一月的长度都观测得很精确，一年的起始点、年和月的周期也都固定了下来，这时就开始有了真正精密的历法。所以，《三国演义》中写曹操南征赤壁大战前"时建安十三年冬十一月十五日，天气晴明，平风静浪"，虽然这日子不一定真是严格的历史记载，但至少说明，那时的事件都可以有准确的年、月、日记录了。

中国历法——阴阳历

中国古代的历法几经更迭，沿用至今，现在，我们为了把它与公历（一种阳历）相区别，取名为"农历"，另外还有取名"旧历"的，但不常用。

农历的特点是以一个朔望月为一个月的长度，正常一年 12 个月，这部分是阴历；又以一个回归年为一年的长度，并划分为二十四节气，这部分是阳历。于是，这种历法既照顾了月亮的运行周期，又照顾了太阳的运行周期，所以是一种"阴阳历"。

月份的安排

年、月、日的安排看似简单，实际是一门很复杂的学问。一个朔望月是29.53日，但安排一个月的长度时，只能把小数点后面的数舍去，规定大月30天、小月29天，民间分别叫"大尽""小尽"。《水浒传》第六十九回写九纹龙史进潜入东平府被告发入狱，梁山的顾大嫂以探监为名去报信，说："月尽夜打城。"史进就记住"月尽夜"了，没想到当时是三月，却是大尽，史进给当成小尽了，结果提前一天闹事，越狱没有成功。

为什么史进把三月当成了小尽？这是因为农历的大月、小月根本不固定，不像公历的一、三、五、七、八、十、十二都是大月那样规定好了的。农历的历法规定，初一永远在日月合朔那一天。这样，这个月的天数，完全看下月初一在哪一天，下月初一早到了，这月就是29天，晚到了就是30天。于是农历的大、小月不总是交错排列的，常有连大月、连小月的现象。

所以，古代说到"几月朔"，那一定是这个月的初一，绝没有例外。《三国演义》第一回说"六月朔，黑气十余丈，飞入温德殿中"，《西游记》第六十二回说"孟秋朔日，夜半子时，下了一场血雨"（孟是"老大""第一"的意思，"孟秋"即秋天的第一个月——七月），我们就明确知道是哪一天了。

《水浒传》第四十一回，写宋江带众好汉渡江攻打无为军："此时正是七月尽天气，夜凉风静，月白江清，水影山光，上下一碧。"既然是七月最后一天（"晦"日），夜空中哪会有这样皎洁的月亮？显然是作者用笔的疏漏。

年的安排离不开闰月

一年起始，哪个月算第一个月呢？历法也有规定，以含冬至那个月开始算起的第三个月作为一年的开始，名称是"正月"。

至于一年的长度，我们的祖先早就用正午测影法测得为大约 365.25 日，不过按农历的规定，正常的一年是 12 个月，这样算起来是 355 天左右，比真正的一年短 10 天。《红楼梦》中的《葬花辞》有"一年三百六十日，风刀霜剑严相逼"的句子，这并不是曹雪芹连一年是多少天都记不准，而是取的阳历年和阴历年的平均数。

农历的每年都比公历短 10 天吗？不是的，如果总这样，每年春节就会比前一年提前 10 天到来，逐年提前，积累上十多年，我们就要在盛夏摇着扇子过年了。为了避免这种现象的发生，保持农历与阳历年大致同步，历法规定，每 3 年左右就插入 1 个闰月作为补充，所以中国的农历才叫"阴阳历"——既使用阴历月，又用闰月来保证年的平均长度为阳历年长。

《水浒传》第二十四回"王婆贪贿说风情 郓哥不忿闹茶肆"，王婆说"又撞着如今闰月，趁这两日要做"。年中插入一个闰月，后面的各种节日都要推迟，好像时间充裕了很多似的，所以王婆才这样说。

闰月的插入是有严格规则的，19 年内约需要插入 7 个闰月。

但是，阳历还是需要精确照顾的，尤其是农业生产，要完全按阳历的春夏秋冬安排，不能按忽前忽后的阴历月安排，这时，就用"二十四节气"来突出阳历部分。

节气是这么划分的：因为阳历反映的是太阳在星空中的周年视运动，太阳运行到最偏南时，白昼最短，黑夜最长，这一天叫"冬至"；太阳运行到最偏北时，则是白昼最长，黑夜最短，叫"夏至"；"春分""秋分"时，太阳恰好经过赤道，这时候是昼夜平分。有了这4个节点，再向下细分，每个季节平均分成6份，全年就分出了24个节气。

《西游记》第一回有段著名的开场白："那座山正当顶上，有一块仙石。其石有三丈六尺五寸高，有二丈四尺围圆。三丈六尺五寸高，按周天三百六十五度；二丈四尺围圆，按政历二十四气。上有九窍八孔，按九宫八卦。"《三国演义》中孔明在赤壁江岸建的祭风台"方圆二十四丈"。从这些描述中我们都可以看到二十四节气在古代的重要性。

2.花甲循环:纪年、纪月、纪日、纪时法

中国历法的记录方式,无论是纪年、纪月、纪日还是纪时,都有一套固定不变而且通用的方法,这就是六十干支的花甲循环。

60年一循环的干支纪年法

先说纪年法,古代除了用特别难记的帝王年号纪年法之外,并行的还有两千多年连续不变的干支纪年法。这种纪年法据说是从东汉年间开始全国通用的,第1年称"甲子年",然后是乙丑、丙寅……顺序排列,60年一循环,不管改朝换代,一直排到今天。

《红楼梦》里第八十六回,写算命先生给元妃算命,就明确给出元春出生于"甲申"年。

知 识 卡 片

过去的几十年中,公历某年的农历干支年是多少,心算是不难的。其实每个公历年序以4结尾的都是"甲",那么其他年的天干很容易就排出了;你再根据自己的属相,一下就得到了自己出生年的地支,按12年一轮推一下,很快就可以算出某年的干支序了。例如1984年是甲子年。

寅月开头的干支纪月法

再说纪月法，除了每年的 12 个月叫正月、二月……直到腊月的常用方法外，也有用六十干支轮回的纪月法。而且六十干支纪月法很整齐，一年 12 个月，5 年正好 60 个月，到第六年的正月恰好一个周期，开始新的轮回（古人规定，闰月不占干支序，用前一月的干支）。

读者可能会想，人们可以规定"甲子年"的正月是"甲子月"，这样使用最方便，循环起来也最好记。可是，古人并不是这样安排的，因为在更早的时候，人们已经把十二个月与十二地支对应好了，是按节气对应的，把冬至所在的月称作"子月"，然后依次是丑月、寅月、卯月……前面我们说过，历法规定，从冬至月开始的第三个月是一年的开始，叫"正月"，因此，正月对应的地支不能是"子"，必须是"寅"。

这样，甲子年的月份，"甲子月"就无法从正月开始，只能从前一年的冬至月——十一月开始，所以甲子年正月的月份永远是"丙寅"，依次往后排，5 年轮一遍六十干支序。

因为中国传统历法是阴阳历，所以一年的开始有两种。常用的是我们现在过的"春节"，从正月初一开始。第二种是以立春为一年的开始，《红楼梦》中元春的判词说"虎兔相逢大梦归"，后来第九十五回在写元妃死时，说："是年甲寅年十二月十八日立春，元妃薨日是十二月十九日，已交卯年寅月……"也就是说，十二月

十八日立春，新的一年（卯年）就开始了，结果十二月
十九日就算在卯年寅月里了。

自顾自的干支纪日法

纪日法，古代常用的当然是每月的"初一、初二……"
这样的序数日子了，但是，干支纪日法也是非常非常重
要的，而且干支纪日法的起源比"初一、初二……"可
要早得多，在殷商时期的甲骨文里就有记载。它的特点
是 60 天一轮回，从殷商时期一直记录到今天。为什么
说它非常非常重要呢？因为它不管大月小月，也不管一
年多长，更不理会改朝换代，而且历法不完善甚至改换
历法都与它没关系，它只是 60 天一轮回，自己记录自
己的，而且一个月内不会出现重复的干支序，从各方面
看，都非常适合记录或查找历史事件。

《水浒传》第九十六回"幻魔君术窘五龙山　入云
龙兵围百谷岭"说"那日是二月初八日，干支是戊午，
戊属土。当下公孙胜就请天干神将，克破那壬癸水"。
这里有两个知识点：第一，那年的二月初八日，干支是
"戊午"，明白了干支纪日法，我们就知道了，不是每
年的二月初八日干支都是戊午，而是推到这一年，这天
的干支恰好是戊午；第二，按天干与五行的分配，戊属
土，而土能克水，所以入云龙公孙胜就准备在土日这一
天请神，破掉敌人的水阵。

再如第一〇二回，写王庆因遇上几件蹊跷事去卦摊求卦，念道："甲寅旬中，乙卯日，奉请周易文王先师……"，"甲寅旬中"是指"甲寅月"的中旬，即初十到二十日之间，月份中有"寅"，一定是正月。一年的正月中旬赶上"乙卯日"这样的年份是不多的，如果我们手头有一本《万年历》，查北宋末年的相关正月中旬的日干支，也许都可以查出小说写的这是哪一年。

整齐好记的干支纪时法

至于干支纪时法，则是最整齐好记的。古人没有用数字记录时辰的习惯（除非是表示"刻"的另一系统，后面我们会专讲），都是用十二地支，以半夜为"子时"，然后是"丑时""寅时"……一天是十二时辰。地支时辰配上天干，按六十干支轮回，就是完整的干支纪时法了，5天一循环，而且开头定得也很简洁："甲子"日的半夜就是"甲子"时，然后往下推，5天一轮回。

《水浒传》里干支纪法的一处 Bug

《水浒传》的作者施耐庵很精通中国传统文化，所以把战役中的"混天阵"写得那么细致入微、神秘莫测。但他也有失误的时候，第六十一回有这么一处，写吴用乔装成算命先生前往北京大名府为卢俊义算命，吴用问卢俊义的"贵庚月日"时，卢俊义回答说，他出生在"甲子年，乙丑月，丙寅日，丁卯时"。

我们先看看"甲子年"会不会有"乙丑月"。如果按我们先前的假设，如果"甲子年"的正月就是"甲子月"，那二月就是"乙丑月"，这没问题。可历法实际上规定，"甲子年"前一年的十一月是"甲子月"，那腊月就是"乙丑月"，到"甲子年"的正月就是"丙寅月"了，所以"乙丑月"总是在"甲子年"之前的腊月。"甲子年"不可能有"乙丑月"。

"丙寅日"会有"丁卯时"吗？这个推算起来比较复杂，但是我们一看六十干支表就一目了然了。从甲子日开始的干支纪时，甲子日是 1 ～ 12 的"甲子时～己亥时"，乙丑日是 13 ～ 24 的"丙子时～丁亥时"，丙寅日则是 25 ～ 36 的"戊子时～己亥时"那组，这组里，怎么也找不到"丁卯时"，只有"辛卯时"。

相比之下，《红楼梦》第八十六回里，同样是写算命，给出元春出生年月是"甲申年丙寅月"，这就很讲究，从六十干支表我们可以看出，甲申年以"甲"开头，当然走的是第一干支序，丙寅果然就在其中，而且是正月。

生辰八字——古人的身份证号

人出生的年、月、日、时的干支名称共八个字，这就是一个人的"生辰八字"。现在我们的身份证号，中间重要的一大串数字就是人的出生年、月、日，是这个人的特异标志。这么看来，古代也有身份证号，号码就是这个人的生辰八字。按古代的星占学说，根据人的生辰八字还可以推算出人命运的好坏。

知 识 卡 片

《红楼梦》第六十二回，探春曾说了这样一段话："倒有些意思，一年十二个月，月月有几个生日。人多了，便这等巧，也有三个一日，两个一日的。"

几十个人的一个群体，其中两个人同一天生日的概率会有多大？探春所说的会是一种普遍现象吗？有人可能会想，一年有365天呢，几十个人的生日，哪会有两人赶巧到同一天的？但计算表明，确实会有。只要凑齐23个人，那么其中任意两个人同一天生日的概率大约是1/2；如果是57个人在一起，其中两个人是同一天生日的概率几乎是百分之百。古代把同一天生日的，叫"同辰"；把同一年生日的，叫"同庚"。

排八字是星占家的一项基本功，有口诀帮助，肯定不是随意组合的，如果随便写"甲子年乙丑月"，就会像现在写"13月32日"一样闹笑话。

生辰八字又叫"年庚八字"，四大名著中有多处提到。《水浒传》里王庆要再婚，媒人"便问了王庆的年庚八字"；《红楼梦》第八十回，薛蟠的老婆夏金桂是一个悍妇，她想害死薛蟠的小妾香菱，于是装病说心疼难忍，四肢不能动，然后"忽又从金桂的枕头内抖出纸人来，上面写着金桂的年庚八字，有五根针钉在心窝并四肢骨节等处"，这件事是夏金桂自己导演的，用以栽赃陷害香菱。

从这两处描写可以看出，生辰八字在一个人的生命中会起到非常重要的作用。古代缔结婚姻时，必须要"换年庚"，了解对方的生辰八字，看属相、五行合不合，未来的吉凶怎样。一个人想要作法害别人的时候，生辰八字也是重要的符号，简直可以代替那个人。

占星术里有一整套预测吉凶祸福的理论，很多都写在历谱中，形成各种"宜"、"忌"，以及算命的规则。这些话题，在四大名著中也非常多，但迷信色彩比较重，我们就不展开评述了。

3.时刻更点：古人复杂的纪时法

关于一天以内更短时间的划分，最早时，人们的要求并不高，"太阳出来了""晌午歪了"，或者"一顿饭工夫""两盏茶的工夫"等说法就够用了。但是，随着社会的发展和生产生活安排的精细化，时间的精确划分和度量就显得越来越重要，于是逐渐形成了时刻和更点制度。

十二时辰制度

古人把一天平均分为十二时辰，用十二地支命名，称"十二时"。午夜是子时的正中，也就是说，现在的23时至次日1时是"子时"，1时至3时是"丑时"，以此类推。

《西游记》第一回："子时得阳气，而丑则鸡鸣；寅不通光，而卯则日出；辰时食后，而巳则挨排（挨着排下来）；日午天中，而未则西蹉（太阳西斜）；申时晡（傍晚）而日落西；戌黄昏而人定（睡觉）亥。"这段文字把每个时辰的物象、天象或人的活动都表现得很生动。我们熟悉的"武松打虎"故事中，武松在景阳冈下看到阳谷县的印信榜文写着"过往客商，可于巳、午、未三个时辰，结伙成队过冈"。现在我们就明白，这指的是上午9时到下午3时之间。

为什么叫时"辰"？原来，辰就是"蚌"。古人发现，河蚌白天张开，晚上合拢，与昼夜变化同步，所以"晨"字由"日"和"辰"组成。当"辰"用于天象历法后，人们又为蚌另造了一个字——蜃。

从北宋开始，人们又将每个时辰分为"初"、"正"两部分，等于把一天平均分为24份。后来西方的24 hours制传进来之后，因为一hour等于一个时辰的一半，所以被译成"小时"。

《西游记》第二十二回，写唐僧西行遇到流沙河，难以渡过，于是孙悟空去南海请教观音，"行者即纵筋斗云，径上南海。咦！那消半个时辰，早望见普陀山境。"半个时辰即1小时，从新疆一带到南海，1小时才到，看来孙大圣这筋斗云不比超音速飞机快多少。

古人还常在时辰后面加个"牌"字，如"午牌时分"、"辰牌前后"，这是因为古代京城白天报时的时候，在钟鼓楼设有刻着金字的牙牌，到了时辰就挂出来昭告天下，所以说书的都喜欢这样说。我们还常见到"画卯"、

知 识 卡 片

十二时辰在古代还有一套形象的别称，这是我们了解古代天文文化时不可不知的，《西游记》的那一番解释就来自这一套别称：子——夜半，丑——鸡鸣，寅——平旦，卯——日出，辰——食时，巳——隅中，午——日中，未——日昳，申——晡时，酉——日入，戌——黄昏，亥——人定。《红楼梦》第二十一回"是夜二鼓人定，多浑虫醉昏在炕，贾琏便溜了来相会"，"人定"相当于亥时，正是二更时分，所以叫"二鼓人定"。

"点卯"等词，比如《水浒传》里"武松洗漱了口面，裹了巾帻，出门去县里画卯"。因为那时的官衙，大小官员很早就要去上班报到，到卯时要点名或签到，所以有这样的说法。后来学堂点名也有这样说的，如《红楼梦》中"薛蟠如今不大来学中应卯了"。

百刻制度

对一昼夜的划分，还有与十二时辰并行的百刻制度。其实百刻制度出现得比十二时辰还要早，大约在西周以前，古人就把一昼夜平均分成 100 刻，这是因为古代主要用漏壶计时，这需要在漏壶内的箭杆上标出刻度以显示水位，箭杆的刻度太疏了不容易精确化，太密了又不容易观察，所以古人选了 100 个刻度作为一昼夜的标准，于是形成了百刻制度。

《西游记》第六十二回有"十二时中忘不得，行功百刻全收"的诗句，就是把两个时间制度都说上了。不过百刻制度纪时的起点与十二时辰不一样，它不是从子时算起，而是从日出算起，到下一个日出前计满 100 刻。

后来为了使用方便，干脆把"时辰"和"刻"结合在一起用了，到明末西方机械钟表传入中国，引入一天 24 小时的纪时法，百刻制度被改为一昼夜 96 刻，这样让每个时辰 8 刻。前 4 个叫"初刻"，后 4 个叫"正刻"。一刻折合成现在的 15 分钟，所以西方表示 1/4 小时的 quarter 被译为"一刻"，这既是意译，也照顾了音译。

过去小说中经常提到"午时三刻，开刀问斩"。《西游记》第十回大唐丞相魏征"午时三刻，梦斩泾河老龙"；《水浒传》第四十回写道："把宋江面南背北，将戴宗面北背南，两个纳坐下，只等午时三刻，监斩官到来开刀。"午时三刻，相当于现在的 11 时 45 分，这是个非常特殊的时刻，按照阴阳说，这是一天中阳气最盛的时刻，古代在这时对重罪犯人问斩，天地强盛的阳气会立刻冲散犯人被斩后灵魂的阴气，这样可以免得他再托生作恶。

古今时间对照

时辰	现代时间	初/正	对应的现代时刻	别称	说明	更时
子时	23：00 — 01：00	子初	23：00	夜半	又名子夜，十二时辰的第一个时辰	三更
		子正	00：00			
丑时	01：00 — 03：00	丑初	01：00	鸡鸣	又名荒鸡	四更
		丑正	02：00			
寅时	03：00 — 05：00	寅初	03：00	平旦	又称黎明、早晨、日旦等，是夜与日的交替之际	五更
		寅正	04：00			
卯时	05：00 — 07：00	卯初	05：00	日出	又名日始、破晓、旭日等，指太阳刚刚露脸、冉冉初升的那段时间	
		卯正	06：00			
辰时	07：00 — 09：00	辰初	07：00	食时	又名早食等，古人"朝食"之时，也就是吃早饭的时间	
		辰正	08：00			

时辰	现代时间	初/正	对应的现代时刻	别称	说明	更时
巳时	09:00—11:00	巳初	09:00	隅中	又名日禺等，临近中午的时候	
		巳正	10:00			
午时	11:00—13:00	午初	11:00	日中	又名日正、中午等	
		午正	12:00			
未时	13:00—15:00	未初	13:00	日昳	又名日跌、日央等，太阳偏西为日昳	
		未正	14:00			
申时	15:00—17:00	申初	15:00	晡时	又名日铺、夕食等	
		申正	16:00			
酉时	17:00—19:00	酉初	17:00	日入	又名日落、日沉、傍晚，指太阳落山的时候	
		酉正	18:00			
戌时	19:00—21:00	戌初	19:00	黄昏	又名日夕、日暮、日晚，此时太阳已经落山，天将黑未黑。天地昏黄，万物朦胧，故称黄昏	一更
		戌正	20:00			
亥时	21:00—23:00	亥初	21:00	人定	又名定昏，此时夜色已深，人们也已经停止活动，安歇睡眠了。人定也就是人静	二更
		亥正	22:00			

更点制度

夜晚是人们入睡的时间，按说人们应该不太关心夜间时光的流逝，但古人却为夜间单独创立了一套纪时制度——更点。稍微成规模的村镇以上的居民点，都设有专人分区报更，这在古代是很有必要的，其用意有小心火烛、预防强盗、防备敌寇等。

更点制度起源于汉朝，汉朝皇宫中值夜班的人分五个班次，按时更换，于是后来就把一夜分为"五更"，每更为一个时辰。戌时为一更，亥时二更，子时三更，丑时四更，寅时五更。整更点时，钟鼓楼会敲起更鼓，更夫则在大街小巷打梆子或敲锣报更。

"半夜三更"是很常见的成语，《西游记》第二回写孙悟空向菩提老祖请教仙术，但孙悟空嫌老祖说的那些不能获得长生，都不学。结果老祖不高兴了，用戒尺照悟空头上打了三下，倒背着手，走入内室。但孙悟空明白，老师这是让他在三更时分，从后门走入内室，听老师秘传道法。

"更"还可以用来表示时间长度，《水浒传》第十回"那雪越下的猛，林冲投东走了两个更次"，也就是两个时辰的意思。

后来，古人嫌划出的"五更"粗疏，又在更之间设了"点"。"点"本来是一种乐器，类似小铜钟，穿绳系在更夫手上，到点就敲打。一更分为五点，这样两点之间的长度合现在的 24 分钟。

《西游记》第九回："却说太宗梦醒后，念念在心。早已至五鼓三点，太宗设朝，聚集两班文武官员。""五鼓三点"就是"五更三点"，相当于现在的凌晨 04：12，古时皇帝百官上班都是这个时间，这在《水浒传》中也多次提到。

过去除了更夫的"打更"外，还有"坐更"一说。就是夜里坐着不走动，显然这不是指打锣报更了，而是指值班警卫。《红楼梦》里就有"夜里坐更时，三四个人聚在一处，或掷骰，或斗牌"这样的话。

4. 漏壶钟表：从刘姥姥见自鸣钟说起

讲到时刻制度，我们不得不再讲一讲计时器。历法是可以不用仪器演示的，而时刻是人为的划分，没有自然的天体运转作为参照，所以需要用一些工具来模拟时间的流逝。为了做到这一点，我们的先辈发明了很多计时器，最主要的有漏刻、日晷、自鸣钟等。当然现代社会我们想知道时刻，已经完全不成问题了，各种电子设备中都装有微小的石英钟，用来显示时间，非常方便。

铜壶滴漏

在古代，一直到明清之交，人们使用的计时器主要还是"漏刻"，这是一种靠累计流水量来指示时间的器具，文雅的称呼叫"铜壶滴漏"。当然，这种器具一般只有皇家官府和官宦人家才用得起。普通人日出而作，日落而息，看太阳方位估计时间，或听钟鼓楼报更报点，也就足够了。

《西游记》第九十三回有诗句"铜壶点点看三汲，银汉明明照九华"，《水浒传》第三十一回也有诗句"六军营内，呜呜画角频吹；五鼓楼头，点点铜壶正滴"。

从这两处描述可以看出，漏刻的运行和滴水有关，

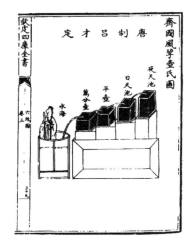

◎ 漏刻

实际上它就是靠水来运行的。传说在黄帝时期漏刻就已出现，成熟的漏刻由三部分组成：漏壶、受水壶和刻箭。漏壶就是一只盛水的桶，水不断从下面的小孔漏出，流到另一只桶——受水壶里，刻箭是一把标有100条刻度的尺子，下用一只箭舟托着，浮在受水壶的水面上。随着时间的流逝，受水壶的水面逐渐上升，刻箭也跟着上升，看看刻度到哪里，就可以指示时间了（当然这个时间只能是百刻制的"刻"）。

测影日晷

漏刻是一种动态的计时器，靠的是物理方法（滴漏）模拟时间流逝。还有一种计时器是静态的，比如日晷。

　　日晷又叫"日规"，由两部分组成：一是刻有十二时辰的"晷盘"，一般是圆形或方形；一是竖在晷盘中心的"晷针"，靠它将影子投射在晷盘上以指示时间。日晷的原理更简单：一天的十二时辰本来就是根据太阳东升西落的位置划分的，比如卯时，太阳在正东方，晷针的影子当然指向正西；午时，太阳在正南，影子指北；酉时，太阳西落，影子又到正东了；地球的自转非常均匀，影子的转动方向也非常均匀稳定，所以就可以静静地、分毫不差地指示时间了。日晷的缺点是在阴天和晚上就不能用了。

　　因为它的不方便处，日晷在民间很少使用，主要是摆在官府、寺庙和皇家宫殿前，是一种装饰和象征。所以《西游记》第二十五回，镇元大仙的五庄观里"东边

◎ 日晷

是一座日规台，西边是一个石狮子"。五庄观是级别极高的一所道观，所以里面才摆了日晷。

奢侈品自鸣钟

四大名著中对计时器最著名的一段描写在《红楼梦》第六回刘姥姥第一次进荣国府的情节中：

原文赏析

只听见咯当咯当的响声，大有似乎打箩柜筛面的一般，不免东瞧西望的。忽见堂屋中柱子上挂着一个匣子，底下又坠着一个秤砣般一物，却不住的乱幌。刘姥姥心中想着："这是什么爱物儿？有甚用呢？"正呆时，只听得当的一声，又若金钟铜磬一般，不防倒唬的一展眼。接着又是一连八九下。

刘姥姥进荣国府看到的那件"爱物"叫"自鸣钟"。自鸣钟是明代时，才由西方传教士带来的一种新的计时器，所以只有《红楼梦》里对它有描写。

自鸣钟的部件都是用金属制造的，靠重锤或发条驱动。它最关键的部件是钟摆，利用摆的等时性原理，可以非常精确地控制众多齿轮和表针的转动，以指示时间，古人称它"轮转上下，戛戛不停"。中国人最感到新奇的是，它的内部带着一个钟，到了整点就自动敲钟，于是给它取名"自鸣钟"。在过去，"钟"这个名字属于乐器，从此，这种计时器也叫"钟"了。

在清代，自鸣钟不仅准确实用，还是一种奢侈品和艺术品，拥有它是一种身份和地位的象征，所以只有贾府这样顶级富贵的人家，才可以置办得起。第十四回，王熙凤训话时说："素日跟我的人，随身自有钟表，不论大小事，我是皆有一定的时辰。横竖你们上房里也有时辰钟。卯正二刻我来点卯……"，可见贾府里的钟表

◎ 自鸣钟

还不少。第七十二回"那一个金自鸣钟卖了五百六十两银子",但这个价钱还算是中低档的。第九十二回,神武将军公子冯紫英告诉贾政:广西的朋友带来了四种洋货,其中有一架自鸣钟,三尺多高,到时辰就有一个小童拿着时辰牌出来报时,它与一件精美的围屏放在一起卖,要价五千两。这时贾家已开始衰落,所以贾政说:"那里买得起!"

　　自鸣钟最引人注目的部分是钟摆,它总是不停地摆来摆去,刘姥姥不认识,只好想象它是秤砣。第五十八回,晴雯发现自鸣钟停了,就说:"那劳什子又不知怎么了,又得去收拾。"麝月告诉她,是芳官淘气,"昨儿是他摆弄了那坠子,半日就坏了。"——这"坠子"分明就是自鸣钟的钟摆。没有钟摆的,叫作"表",它改用卷成螺旋状的弹性游丝代替钟摆控制齿轮的转动,可以做得很小,卧在机件中,因此表都比较小,可以随意摆放、随身携带。

自鸣钟盘改声不改

　　《红楼梦》对钟表的使用描写得相当详细。钟表传进中国时,表盘上标的是阿拉伯数字或罗马数字的12小时,中国人当时不接受这种时制,这个好办,把表盘重新画一下就行,改写上子、丑、寅、卯……这在书中有多处叙述,如"宝玉听说,回手向怀中掏出一个核桃大小的一个金表来，瞧了一瞧，那针已指到戌末亥初之间"。

不过，自鸣钟的钟声是到几点就打几下，这个功能的机件很复杂，国人是没办法改的，于是钟盘显示的是时辰，钟点打的还是小时，听到钟声，使用者还得换算一下。刘姥姥刚进荣国府时看到的自鸣钟，"当的一声……接着又是一连八九下"，明确告诉我们这是上午9点或10点。自鸣钟的自鸣打点，在书中有多处表现。

第五十一回写三更以后，宝玉醒来让麝月沏茶，麝月又出去赏月，晴雯悄悄出去想吓唬麝月，因穿得少而着凉伤风，麝月则被一只大锦鸡吓得跑了回来，经历这些事后，"说着，只听外间房中十锦槅上的自鸣钟当当两声"——这就非常准确，三更以后又做了这么多事，所以到了后半夜两点。估计他们听到钟声，还得自己再换算成"丑时正刻"。

第五十二回"俏平儿情掩虾须镯 勇晴雯病补雀金裘"中写道："一时只听自鸣钟已敲了四下，刚刚补完"，然后是"没一顿饭的工夫，天已大亮"。这清楚地表明当下是凌晨4点，寅时。

第六十三回"寿怡红群芳开夜宴 死金丹独艳理亲丧"中，"众人因问几更了，人回：'二更以后了，钟打过十一下了。'宝玉犹不信，要过表来瞧了一瞧，已是子初初刻十分了"。读者朋友可以自己换算一下，看看这里写得准不准。

捌

春秋寒暑 四季节令

我们从很小开始就知道一年有春、夏、秋、冬的四季变化。这种四季变化在一年中非常固定，所以很多生产、生活以及节日活动都需要按照四季的变化来安排。"春有百花秋有月，夏有凉风冬有雪"，好像这是理所当然的。其实，并不是全世界各个地方都有四季变化的，只是因为中国大部分地区位于北温带，而且地理位置得天独厚，所以华夏大地，特别是中华文明的发源地中原一带，四季的变化非常鲜明，每年的气温、风向、雨量等都有相应的变化周期，因此在几千年的历史中，中华文明形成了以农耕文化为基础的、与四季和节令密不可分的传统生活习俗，其中有很多一直延续到了今天。这一讲我们就以四大名著中的故事为线索，谈谈这方面的有趣话题。

1.春夏秋冬：天赐礼物润华夏

为什么会有四季变化？

四季变化的起因，小学课堂上老师就给我们讲过，这里只需要简单地重复一下。我们知道，地球在绕着太阳公转的同时，还在不停自转，地球形成时的初始力量，使地球自转、公转的方向完全相同，都是自西向东。最早地球自转轴基本是垂直于公转轨道面的，后来地球在演化过程中，自转轴慢慢斜了过来，到现在，形成与公转轨道面呈 66 度 30 分的夹角。

正因为地球这样斜着转动，所以就我们所在的北半球来说，有时候中午的太阳会直射头顶，光线损失很小，于是地面很热，这时就是夏季；有时候中午太阳光会特别低斜着照射过来，光线散开而且穿过更厚的大气层，损失很大，于是地面很冷，这时就是冬季。在它们之间的日子，不太冷也不太热，就形成了春季、秋季。

太阳直射点的位置就这样在地球赤道两边来回移动，移动到北纬 23 度 30 分就向回返了，所以这条纬度线就叫"北回归线"，南半球对称的位置是"南回归线"。对于我们来说，太阳直射北回归线那天就是夏至，直射南回归线那天是冬至。

知 识 卡 片

热带一般只有雨季和旱季。北半球亚洲、非洲的北回归线一带，除中国以外几乎都是沙漠。欧洲不是夏干冬雨（地中海气候）就是冬暖夏凉（温带海洋性气候）。而中国冬冷夏热，冬干夏湿，四季分明，适合发展农业，非常难得。

所以，中国古代很早就形成了传统的寒暑文化，从农业生产到日常生活，包括吃的，穿的，玩的，各种礼仪，几乎都是按四季变化来安排的。这也反映了中国人"天人合一"的理念。据说现代女作家冰心早年到美国留学，看到美国人不按大自然节律的生活方式后，曾感叹说："我们中国人按四季和节令安排的生活才是充满诗意的人生！"

关于四季的各种称谓

关于四季，有很多称谓，我们了解传统文化必须要弄清楚。比如《西游记》第二十回"黄风岭唐僧有难 半山中八戒争先"写唐僧心惊道："悟空，风起了！"孙悟空却说："风却怕他怎的！此乃天家四时之气，有何惧哉！"这里的"四时"千万不要理解为是"四个时辰"，它实际就是"四季"的另一种说法。

"一路无词，又早是朱明时节，但见那：熏风时送野兰香，濯雨才晴新竹凉。"这是在第五十六回里的句子，这里的"朱明""熏风"都有特定的季节含义。古人说："春为青阳，夏为朱明，秋为白藏，冬为玄英。"这是用代表季节的颜色加上季节特色而造的词，可以当作典故使用。至于"熏风"，孙悟空就给解释了："春有和风，夏有熏风，秋有金风，冬有朔风：四时皆有风，风起怕怎的？"（第八十五回）

因为每个季节是三个月，所以可以按月分成孟、仲、季，比如春天可分为孟春、仲春、季春。这在前面已有所提及，不再举例。

这种分法有时还会称为"三春""三夏""三秋""三冬"。而秋天更特殊，有时会称作"九秋"（如《西游记》第二十三回："真个也光阴迅速，又值九秋，但见了些：枫叶满山红，黄花耐晚风。"）这是因为，整个秋季共分为九旬（一旬为 10 天），所以称"九秋"。

从武松故事看作家对季节的重视

名著之所以成为名著，是因为它们与一般的流行题材作品有许多区别，其中有一条是：叙述的故事会完整地反映生活原貌，比如，特别注意日月的流逝和季节的变化。我们这里举《水浒传》里武松的故事（这也是书里单讲一个人的经历时所用篇幅最长的一个）为例说明，这条故事线中，时节变换被施耐庵交代得清清楚楚。

武松景阳冈打虎之后，在阳谷县里当了都头，并且巧遇兄长武大郎，住在哥哥家。"不觉过了一月有余，看看是十一月天气。连日朔风紧起，四下里彤云密布，又早纷纷扬扬，飞下一天大雪来。"（第二十四回）

"拈指间，岁月如流，不觉雪晴，过了十数日"，武松被知县派去监送车仗到东京（第二十四回），"前后往回，恰好将及两个月。去时新春天气，回来三月初头。于路上只觉得神思不安，身心恍惚，赶回要见哥哥"。（第二十六回）

随后武松发现哥哥被害死，于是杀死潘金莲和西门庆，被发配孟州。"武松自从三月初头杀了人，坐了两个月监房，如今来到孟州路上，正是六月前后，炎炎火日当天，铄石流金之际，只得赶早凉而行。"（第二十七回）

武松到孟州后，醉打蒋门神，"此时正是七月间天气，炎暑未消，金风乍起"。（第二十九回）张都监与武松结交，假意款待，寻机暗算。"荏苒光阴，早过了一月之上。炎威渐退，玉露生凉，金风去暑，已及深秋。""时光迅速，却早又是八月中秋。"就在中秋节这天，张都监栽赃武松，于是武松又以偷盗的罪名入狱"前后将及两月"，再次刺配恩州。（第三十回）

在刺配恩州的路上，武松又遭到暗算，于是他返回孟州，血溅鸳鸯楼，杀掉蒋门神、张都监等一干人，夜走蜈蚣岭，"此时是十月间天气，日正短，转眼便晚了"。（第三十一回）又走了许多天，等遇到宋江时，"时遇

十一月间，天色好生严寒"。（第三十二回）

整整一年的季节变化描写，紧扣故事情节，丝毫不乱，确实是大家的手笔。

相比之下，现在有些电视剧，里面演绎了时间跨度很长的故事，但既没有季节变化，也见不到雨和雪，剧中人永远穿一套不变的衣服，这都是编剧没有历法和季节观念的结果。

2. 雨露霜雪：从宝钗配药看节气

上一讲我们曾简略地讲了二十四节气。因为二十四节气在中国传统文化中非常重要，所以这里我们再结合《红楼梦》中的故事，从文化的角度，继续谈一谈这个话题。

❀ 二十四节气

二十四节气的划分和取名

上一讲我们提到，太阳在天球上运行到最偏南时，白昼最短，黑夜最长，中午我们看到的太阳高度角也最

二十四节气已被中华民族使用了两千多年，它是中国农耕社会生产与生活的时间指南，出现之后很快就传到全国各地，甚至被很多周边民族共享。2016 年 11 月 30 日，联合国教科文组织保护非物质文化遗产政府间委员会将二十四节气列入人类非物质文化遗产代表作名录。其实，在国际学术界，二十四节气一直被誉为"中国的第五大发明"，这次列入世界非物质文化遗产，更说明了二十四节气已被国际文化界认同。现在有很多人认为，二十四节气的重要性超过了"四大发明"。

低，这一天叫"冬至"；太阳运行到最偏北位置时，白昼最长，黑夜最短，中午的太阳高度角最高，叫"夏至"；而"春分""秋分"，太阳恰好经过赤道，这时昼夜平分。这是 4 个最重要的划分季节的节点。

但是，光有这 4 个点是远远不够的，农民们安排农事，如播种、插秧、中耕、收获等活动时，需要把这些活动固定在更精确的时间段，前后不能差十天半月，所以这 4 个节点还要向下细分，于是每段再平均分成 6 份，共 24 份，一份叫一个"节气"，一个季节 6 个节气，节气间隔为 15 天左右，全年共 24 个节气。这样最适合农业生产的应用，就一直沿用到今天。

24 个节气的名字：立春、雨水、惊蛰、春分、清明、谷雨、立夏、小满、芒种、夏至、小暑、大暑、立秋、处暑、白露、秋分、寒露、霜降、立冬、小雪、大雪、冬至、小寒、大寒。

这些名称很有诗意，也很好记：有反映四季变化的，如立春、春分、立夏等；也有反映温度变化的，如小暑、大暑、大寒等；有反映天气现象的，如雨水、谷雨、白露等；还有反映物候农事的，如惊蛰、清明、小满、芒种等。

"冷香丸"与节气

《红楼梦》里经常提到节气，其中给人印象最深刻的就是第七回薛宝钗配"冷香丸"的药方了。

宝钗有"从胎里带来的一股热毒"，小时候遇到一个秃头和尚，送她一个海上方（仙方），"要春天开的白牡丹花蕊十二两，夏天开的白荷花蕊十二两，秋天的白芙蓉蕊十二两，冬天的白梅花蕊十二两。将这四样花蕊，于次年春分这日晒干，和在药末子一处，一齐研好。又要雨水这日的雨水十二钱"。如果这年的雨水没雨呢，就只好等下一年了，还要"白露这日的露水十二钱，霜降这日的霜十二钱，小雪这日的雪十二钱。把这四样水调匀，和了药，再加十二钱蜂蜜，十二钱白糖，丸了龙眼大的丸子，盛在旧磁坛内，埋在花根底下。若发了病时，拿出来吃一丸，用十二分黄柏煎汤送下"。

能看出来，这是古人在"天人合一"观念指导下的一种奇特思维。首先，四季选用的都是白花，白代表寒凉，对抗病人的"热毒"；其次，春分之日，昼夜平分，阴阳和谐，而且春光明媚，酷暑未至，阳光正好可以晒花蕊；

再次，用雨水的雨、白露的露、霜降的霜、小雪的雪，雨、露、霜、雪都是寒凉阴冷的，而且都来自春、秋、冬，唯独不用夏天的降水；再次，皆取"十二两""十二钱"，是符合一年十二个月、十二地支、十二经络等大自然的规则的。另外还有，黄柏味苦，有清热解毒的功效，蜂蜜和白糖是抵消苦味的，旧磁坛寓意长久，可以借岁月之力加大药效。冷香丸的特点是制作太难，所用原料全要等待天时。

节气与天气预报不是一回事，比如，"雨水"这一天不一定有雨，只是从这时开始，雨水多起来了而已，"霜降""小雪""大雪"等也是如此。所以，采来四季的花，次年春分（如果是晴天）晾干，再次年等来雨水的雨、白露的露、霜降的霜、小雪的雪，用书中人物的话来说"等十年未必都这样巧呢"。

节气与红楼有不解之缘

《红楼梦》的一个重要特点是讲述琐细的日常生活（当然是贵族的生活），所以不断要联系到岁月流逝，这就少不了要提到节气，我们举几例来看。

第十一回"庆寿辰宁府排家宴 见熙凤贾瑞起淫心"说："这年正是十一月三十日冬至。到交节的那几日，贾母、王夫人、凤姐儿日日差人去看秦氏……"有人还按这日子考据，结果发现在清朝200多年的时段里，只有嘉庆十八年十一月三十恰好赶上冬至，但这已经是 1813 年，太晚了，而上一个"十一月三十冬至"在 1642 年（明崇祯十五年），又太早了，都不符合曹雪芹生活的年代。

第二十七回"滴翠亭杨妃戏彩蝶 埋香冢飞燕泣残红"，写这年四月二十六日交芒种节，按古代的风俗，芒种这天，要摆上各色礼物，祭饯花神，因为芒种一过，便是夏天了，众花开始凋谢，花神退位，要为花神饯行，所以才有了"黛玉葬花"。第五十八回，写藕官清明这日，在园中为死去的菂官烧纸，却被一个婆子抓住，幸得宝玉解围才了结此事。

再比如贾元春薨逝于立春的第二天，探春作清明风筝的谜语，等等，这里就不细举了。后代还有人把《红楼梦》中的 24 个人物与二十四节气的关系编成诗句，如"宝琴赠梅立春先，莺儿雨水把柳编，可卿惊蛰春欲困，春分黛玉泣花间……"，也很是有趣。

3. 春季节日：元日贺节 元宵清明

我们的先辈，按春、夏、秋、冬不同的节令设置了很多节日，这些节日就充分体现了中国人的诗意生活。下面我们就结合四大名著按四个季节分别讲述一下这方面的内容。

一年中最重要的节日：元日

我们现在过的正月初一春节，在古代不叫春节，叫"元日"或"元旦"。这是一年的开始，所以是传统中最重要的一个节日。元日的前一天是上年的岁尾，叫"除夕"，这两天总是合在一起过的，甚至这两天的前后好多天，合在一起都叫"过年"。

◎ 春节

　　过年的习俗是很多的，主要有贴对联、挂红灯、祭祖、放爆竹、吃迎新夜宴、守岁、拜年等。《红楼梦》第五十三回，写"已到了腊月二十九日了，各色齐备，两府中都换了门神、联对、挂牌，新油了桃符，焕然一新。宁国府从大门、仪门、大厅、暖阁、内厅、内三门、内仪门并内塞门，直到正堂，一路正门大开，两边阶下一色朱红大高照，点的两条金龙一般"。可见张灯结彩、奢华排场之极。在第二天除夕，则要进宫朝贺和开宗祠祭祖。大户人家的除夕祭祖是相当隆重的，在贾府，人们要按辈分站定，非常讲究，"贾敬主祭，贾赦陪祭，贾珍献爵，贾琏贾琮献帛，宝玉捧香"。到大年初一这天，重要的仪式是拜年，《水浒传》第九十三回，就曾写到宣和五年的元旦，梁山上各路头领都穿得齐齐整整，来参拜宋江。

花灯谜语元宵节

　　到正月十五，又迎来一个盛大的节日——元宵节。第二讲我们说过，在我们的传统中，圆圆的月亮被赋予了非常丰富的文化内涵，人们常在月圆之日进行观赏、祭祀、庆典。正月十五是一年中的第一个月圆之夜，一元复始，所以需要庆贺，主要习俗是家家挂出各种灯笼，于是全国城乡到这天通宵都是灯火辉煌，因此称这天为"元宵节"。元宵节的特色食品是汤圆，由糯米制成，

◎ 元宵灯会

带馅，洁白滚圆，象征圆月和团圆。

《西游记》第九十一回"金平府元夜观灯 玄英洞唐僧供状"，到了这一回目，唐僧四众已经离东土大唐越来越远了，实际上金平府已经是天竺国的外郡，但他们过的却是华夏的元宵佳节。"'本府太守老爷爱民，各地方俱高张灯火，彻夜笙箫。'……花灯悬闹市，齐唱太平歌。又见那六街三市灯亮，半空一鉴初升。"这完全是大唐元宵节的景色。

《水浒传》第三十三回，写完武松一整年的跌宕人生，转写宋江在清风寨，"住了将及一月有余，看看腊尽春回，又早元宵节近"。清风寨居民在土地庙前扎起一座"小鳌山"，"上面结彩悬花，张挂五六百碗花灯"。还有"家家门前，扎起灯棚，赛悬灯火。市镇上，诸行百艺都有。虽然比不得京师，只此也是人间天上"。至于东京汴梁就更热闹了，第七十二回，到元宵节，"家

知 识 卡 片

　　二月还有个有趣的节日叫"春龙节"，定在二月初二。每年到这时，太阳一落山，苍龙星座的第一宿——角宿就出现在东方的地平线上，龙角出现，接着龙头抬起，称"二月二，龙抬头"，这时人们就知道，马上要春回大地，播种的季节就要到来了。

　　春龙节的讲究很多。这天吃的饺子叫"龙耳"，面条叫"龙须面"，烙的饼叫"龙鳞饼"，捞的小米干饭叫"龙子饭"。二月初二理发称为"剃龙头"，在"龙抬头"的这天理发，当然会使人鸿运当头。

家门前扎缚灯棚，赛悬灯火，照耀如同白日，正是楼台上下火照火，车马往来人看人。""笙簧聒耳，鼓乐喧天，灯火凝眸，游人似蚁"。可以说是真正的人间天上了。

　　灯谜也是元宵节灯会的主题。人们把谜语写在纸条上，贴在彩灯下供别人来猜。因为谜语能启迪智慧又引起兴趣，所以这种活动深受欢迎、越传越广。灯谜大多有限定的格式和奇巧的要求，形成各种谜格。《红楼梦》多次写到元宵节，第十八回写元妃元宵节这天省亲时大观园挂满五光十色的华贵宫灯，第二十二回又写猜灯谜。元春先从宫中送出一条灯谜，然后迎春、探春、惜春等也都作了谜语，按照书中的安排，这些谜语的内容就预示了这几个人的结局。

清明祭祀放风筝

　　清明节最重要的习俗是祭祖扫墓，追忆先人；另外一个主题是"踏青"，到清明这天，家人或朋友们三三两两去郊外踏青，举行饮宴、扑蝶、放风筝、荡秋千等娱乐活动。这个节日既有寒食祭祀的伤感清冷，又有踏青游玩的宴饮欢笑，是一个富有特色、矛盾统一的节日。现在，清明节已成了中国法定节假日。

　　清明时春风正盛，是放风筝的最佳时节。所以过去人们常把放风筝与清明联系在一起。《西游记》第七十六回，孙悟空过狮驼岭，与青狮妖怪赌斗，把绳子拴在妖怪的心肝上，从他的嘴巴那里往外扯，扯的妖怪不断挣扎。吴承恩在这里幽默地写道："众小妖远远看

◎ 清明节放风筝

见，齐声高叫道：'大王，莫惹他！让他去罢！这猴儿不按时景，清明还未到，他却那里放风筝也！'"

等《红楼梦》写清明放风筝，用意就很沉重了，元春那次发起的元宵猜灯谜，探春出的谜语是："阶下儿童仰面时，清明妆点最堪宜。游丝一断浑无力，莫向东风怨别离。"这一灯谜预示的是她未来远嫁番国的命运。而且第五回，贾宝玉梦游幻境时看到的探春判词："画着两人放风筝，一片大海，一只大船，船中有一女子掩面泣涕之状。也有四句写云：才自精明志自高，生于末世运偏消。清明涕送江边望，千里东风一梦遥。"所以探春的灯谜和判词都没有离开风筝和清明。

4. 夏季节日：端午三伏 祭饯花神

五月五日端阳佳节

　　按十二地支排序，五月为"午"月，这是一年中阳气最盛的时候。阳气过盛，不一定是好事，所以五月又称"毒月"，是最闷热的时候。

　　五月初五端午节，是重要的传统节日。"端"就是"初始"，因此"初五"也可以叫"端五"。而五月是"午"月，所以"端五"又渐渐成了"端午"（也叫端

阳）。因为"午"在地支序的正中，所以端午节又叫"天中节"。

端午节最重要的内容是纪念战国时期楚国的爱国诗人屈原。他因正直而遭到贵族排挤，被流放到汨罗江边，在五月初五这天投江自尽。据说当地百姓怕鱼吃掉屈原的身体，就纷纷乘船相互追逐，把米团投入江中喂鱼，后来演变成了赛龙舟和吃粽子的习俗。

《西游记》第五十六回，写师徒四众在取经的路上，正赶上端午节，可是行路匆匆，怎么过呢？只能感叹"长路那能包角黍，龙舟应吊汨罗江。他师徒们行赏端阳之景，虚度中天之节"。粽子是用苇叶包上黍米做成的，形成一个角锥状，故又称"角黍"。

◎ 端午节

《水浒传》第十三回说"梁中书与蔡夫人在后堂家宴，庆贺端阳。但见：盆栽绿艾，瓶插红榴。水晶帘卷虾须，锦绣屏开孔雀。菖蒲切玉，佳人笑捧紫霞杯；角黍堆银，美女高擎青玉案"。

这里的"绿艾""菖蒲"，都与端午习俗有关。到了端午这一天，家家都要在门口挂艾草、菖蒲。民间认为五月初五百毒齐出，必须驱邪避邪。艾草是一种可以祛寒、驱蚊的药草，插在门口，可以驱除不祥；菖蒲的叶子形状像一把宝剑，又称"蒲剑"，挂在门口也有驱邪的作用。另外"瓶插红榴"也不是随意写的，因为五月是石榴花盛开的季节，别称"榴月"。

《红楼梦》第三十一回"这日正是端阳佳节，蒲艾簪门，虎符系臂"。这里的"虎符"是什么呢？是一种吉祥物，过去人们用绸缎或棉布缝成一个布老虎，端午节这天系在孩子的胳膊上，认为这样可以避毒消灾。这句话后面还有句有趣的话，因为晴雯摔断了扇子骨，宝玉、晴雯、袭人吵了起来，林黛玉来了，不知缘由，就笑道："大节下怎么好好的哭起来？难道是为争粽子吃，争恼了不成？"专门提到了吃粽子。

炎热的三伏

我们夏天经常听到"三伏"这个词，那么三伏是什么呢？这是对夏天里最热日子的一种特殊标志。《红楼梦》第六十七回，大观园里看果园的婆子说过这样的话："我在这里赶蜜蜂儿。今年三伏里雨水少，这果子树上都有虫子，把果子吃的疤瘌流星的掉了好些下来。"

二十四节气里既然有小暑、大暑这样表示盛夏炎热的节令了，为什么还要安排三伏？可能古人觉得用小暑、大暑表示最热的时节有些粗疏，于是就按着五行生克法则设立了三伏。最热天以 10 天为一个阶段，分初伏、中伏（中伏有时是 20 天）、末伏，统称"三伏"。先人规定：夏至后第 3 个"庚日"（即天干为庚的那天）开始是初伏，第 4 个庚日为中伏，立秋后第 1 个庚日为末伏。每年的入伏日都不固定，一查日历就能查到。

为什么叫"伏"呢？因为中国的炎热天气持续时间特别长，从夏天一直延伸到秋天，所以初秋有"秋老虎"之说。这样，古人根据五行的说法，认为从夏到秋的过程是"火克金"，秋被夏压制着不敢露头，要潜伏一段时间，因此将这段最热的时间称为"伏"。

江淮梅雨

还有一个我们经常听到的词是"梅雨"。梅雨是怎么回事呢？这是一种地方性的气候，虽然是地方性的，但知名度非常高，几乎全国人人皆知。在我国江淮地区，每年仲夏，就会进入长达一个多月的梅雨期。这期间，来自南方的暖湿气流与北方的干冷空气在此交汇，形成大范围的雨带。由于北方的干冷空气比较强盛，初夏的南方暖湿气流尚不能一下子把它们"击退"，于是雨带在这里南北来回"拉锯"，阴雨绵绵，一场接一场。这时正是梅子走向成熟的时节，所以这时的阴雨被古人称作"梅雨"或"黄梅雨"。历法规定：黄梅雨季从芒种后第一个丙日算起，称"入梅"；在小暑后第一个未日结束，称"出梅"。

《西游记》第八十四回，唐僧脱了无底洞之难，与师徒继续西行，"不觉夏时，正值那熏风初动，梅雨丝丝……"实际上，唐僧师徒这时走在西域尽头的"灭法国"，这里是中亚一带，是不会有梅雨的。

芒种祭祀花神

《红楼梦》第二十七回说，有一年四月二十六日"这日未时交芒种节。尚古风俗：凡交芒种节的这日，都要设摆各色礼物，祭饯花神，言芒种一过，便是夏日了，众花皆卸，花神退位，须要饯行"。

到了芒种节气，冬小麦等有芒的作物已经成熟，需要马上收割，晚谷、黍等夏播作物需要马上播种，所以叫"芒种"，因为农民比平时要成倍地忙碌，所以芒种也可以理解为"忙种"。

芒种节祭饯花神，是古代的一种民俗。古人认为，花神二月十二来到民间，芒种之时又回到天上，这段时间正是鲜花盛开的时节。所以《红楼梦》写这一天，女孩们都在大观园中赏花游玩，"或用花瓣、柳枝编成轿马的，或用绫锦、纱罗叠成干旄旌幢的，都用彩线系了。每一棵树上，每一枝花上，都系了这些物事。满园里绣带飘飘，花枝招展"。可是黛玉却因饯花神勾起伤春愁思，感怀身世，就把些残花落瓣收入锦袋，挖了个花冢埋在里面，还唱出了那首著名的《葬花辞》。

5. 秋季节日：七夕乞巧 中秋重阳

七夕乞巧穿针节

第四讲我们讲过了七月初七牛郎织女鹊桥相会的故事。这个故事流传甚广，于是七月初七也成了一个节日——"乞巧节"，织女被人们当成天神中巧妇的代表，女孩们在成长的过程中，都希望通过祭拜织女星，使自己手巧。

乞巧方法是在七月初七这天晚上，姑娘媳妇们把瓜果摆在院子里，第二天早起，如果发现有蜘蛛在上面结了网，说明乞巧成功，网织得越密，说明乞来的巧越多。人们还发明了乞巧节吃的"巧果"，这是一种经油炸或焙烤而成的七个花瓣状的面制食品。

在古代，女人的手巧主要体现在针线活上，所以乞巧里有一项是比赛穿针。有专用的七个针眼的"乞巧针"，女人要在七月初七朦胧的月光下，用彩线摸索着穿过七个针眼，穿得过的，就是得巧了，特别受大家尊重。因此乞巧节又叫"穿针节"。贾宝玉为晴雯作的《芙蓉女儿诔》中，有"楼空鸡鹊，徒悬七夕之针"这样的句子，用的就是乞巧穿针的典故。

因为牛郎织女在七夕相会，七月初七又被对应成了中国的情人节。其实在古代，七夕也有这个含义，《红

◎ 乞巧

楼梦》第四十回，贾母率众人会宴大观园，席上行酒令时，鸳鸯道："当中'二五'是杂七。"薛姨妈对的是："织女牛郎会七夕。"以薛姨妈的身份，这多少有些不合礼节，但因为薛姨妈中年丧夫，寡居多年，失言说出这样的话也正符合人物心态。

巧姐、巧云名字来历

王熙凤有个女儿，生在七月初七，这孩子与黛玉、宝钗等比起来，年纪尚小，出场也不多，但也是"金陵十二钗"之一呢！以下是第四十二回王熙凤和刘姥姥给她取名时的对话：

原文赏析

　　刘姥姥道："富贵人家养的孩子多太娇嫩，自然禁不得一些儿委曲；再她小人儿家，过于尊贵了，也禁不起。以后姑奶奶少疼他些就好了。"凤姐儿道："这也有理。我想起来，他还没个名字，你就给他起个名字。一则借借你的寿；二则你们是庄家人，不怕你恼，到底贫苦些，你贫苦人起个名字，只怕压的住他。"刘姥姥听说，便想了一想，笑道："不知他几时生的？"凤姐儿道："正是生日的日子不好呢，可巧是七月初七日。"刘姥姥忙笑道："这个正好，就叫他是巧哥儿。这叫作'以毒攻毒，以火攻火'的法子。姑奶奶定要依我这名字，他必长命百岁。日后大了，各人成家立业，或一时有不遂心的事，必然是遇难成祥，逢凶化吉，却从这'巧'字上来。"

　　按古代迷信的说法，"7"是阳数，所以七月初七出生的人会命硬，尤其对女孩不利，因此王熙凤认为这个出生的日子不好，孩子才时常生病，但刘姥姥用"以毒攻毒"的办法，偏给她取名"巧姐"，就能逢凶化吉了，后来贾府败落，刘姥姥收留了巧姐，恰恰也证明了这一点。

《水浒传》中梁山好汉杨雄的夫人，也是七月七日生的，"因此小字唤做巧云"。这里的"云"也是有讲究的，到了七月，雨季走向结束，晴天增多，秋高气爽，即使天上有云，云彩也显得疏散舒卷，而不像夏天的浓云成块成团，因此这种云被称作"巧云"。

中元盂兰盆节

《水浒传》第五十一回"插翅虎枷打白秀英　美髯公误失小衙内"，讲美髯公朱仝因私放雷横，被发配沧州，但受到知府赏识，去看护知府的小孩。半个月后，"便是七月十五日盂兰盆大斋之日，年例各处点放河灯，修设好事"，朱仝带小衙内去看河灯，结果被吴用等人用计骗上了梁山。

"七月十五日盂兰盆"是什么意思呢？七月十五在传统上称"中元节"，俗称"七月半"（与它相对的"上元节"是正月十五）。中元节的主要活动是超度亡灵，祭祀祖先，所以中元节又被称作是"鬼节"。中元节也放灯，但主要是放河灯。河灯也叫"荷花灯"或"荷叶灯"，人们用各色彩纸制成莲花、莲叶、花篮的形状，中央放上灯盏或蜡烛，可以漂在水上。到晚上，人们将灯放在河里，任其漂浮。据说，找不到路的孤魂野鬼，有这盏灯照路就可以托生；灯灭了，河灯也就完成了任务。"梁山泊好汉劫法场"那一回，官府选行刑的日子时，就提到"七月十五日中元之节，不可行刑"。这很好理解，超度亡灵的日子，当然不适合处决犯人了。

这天还是佛教的节日，叫"盂兰盆节"，主要内容也是解救在地狱里受苦的鬼魂，教徒们还要为祖上供盂兰盆斋，因为与中元节内容相近，后来民间干脆就两节一齐过了。

赏月中秋节

中秋节在农历八月十五，是我国仅次于春节的第二大传统节日，农历七、八、九三个月为秋季，八月十五正在这三个月的中点，所以叫"中秋节"。

《红楼梦》第一回里就说到中秋节，读者们对此可能会有很深的印象。甄士隐在中秋佳节之夜，请在葫芦庙寄住的落魄学子贾雨村来赏月饮酒，面对当头一轮明月，贾雨村随口吟出："时逢三五便团圆，满把晴光护玉栏。天上一轮才捧出，人间万姓仰头看。"甄士隐赞叹他的志向和才学，于是资助银两，供他进京考取功名。《水浒传》第二回也写到了中秋，九纹龙史进结交少华山上落草的好汉，中秋这天把朱武等人请到庄里饮酒赏月，不料走漏了风声，史进只好"大闹史家村"，烧毁庄院，与众好汉一同上了少华山。

中秋为什么总和赏月联系在一起？因为到了秋天，我国北方地区晴朗少云，"月到中秋分外明"。元宵节时天气太冷，只适合走路观灯；而中秋节正值不冷不热时，在室外饮酒赏月逗留，是最适合不过的了，所以中秋节成了以赏月为中心的节日。

《红楼梦》对贾府过中秋也有详细的描写，主要在第七十五、七十六两回。到八月十五这天晚上，大观园园门大开，挂着羊角大灯。堂前的月台上，焚香点烛，陈献着瓜饼及各色果品。"真是月明灯彩，人气香烟，晶艳氤氲，不可形状。"随后贾母率领众眷上山坡去赏月，分吃月饼。

与上元节的汤圆类似，月饼是中秋节的特色食品。一般是做成圆圆的厚饼状，内有甜馅。如果说汤圆象征月球的话，那么月饼象征月轮。月饼表面可以做出许多复杂的图案，馅也可做得多种多样，有大量发挥空间，再加上中秋是个大节日，所以月饼一直是一种重要的节日食品和礼品。

这时候，贾府已露出明显的败落迹象，所以这年的中秋，欢宴中也透着一些悲凉。贾母与大家在山上看桂花赏月，后又击鼓传花罚说笑话，四更时，大家熬不过，就都散去了。而黛玉、湘云两人则来到凹晶馆水边赏月联诗，开始还对得热闹，最后也吟出了"寒塘渡鹤影，冷月葬花魂"这样凄清寂凉的句子。

九九重阳节

秋季还有一个重要的传统节日——重阳节。中国人特别重视日月数字重合的日子，九月九日尤其特殊，因为九是单数，为阳，而且是个位数中最大的阳数，两九重叠，所以叫"重阳"。

与清明节的平地"踏春"对应，九月九日是登高"踏秋"，这时秋高气爽，正是人们登高远望的好时节。没有高山的地方，人们则按"高"的谐音改为吃"重阳糕"。菊花也在重阳佳节前后盛开了，所以民间还有重阳赏菊花、饮菊花酒的习俗。

《水浒传》第七十一回，梁山好汉一百单八将已经凑齐，排好了座次，到了鼎盛时期。"不觉炎威已过，又早秋凉，重阳节近。宋江便叫宋清安排大筵席，会众兄弟同赏菊花，唤做菊花之会"，宋江在席上填词《满江红》，开始策划招安事宜，从此梁山造反事业走向拐点了。

《红楼梦》第三十七、三十八回，写探春等在重阳节前发起诗社，与宝玉和众姐妹作菊花诗，先请贾母等人吃一餐螃蟹大宴，长辈们走后，大家便按命题选题目作诗。作的诗篇篇不离"重阳""秋光"。比如薛宝钗的诗句"谁怜我为黄花病？慰语重阳会有期"和"桂霭桐阴坐举觞，长安涎口盼重阳"都直接点出了这是重阳节近了。

古代有在重阳节敬老的传统，重阳节的"九九"与"久久"同音，九在个位数字中又是最大数，有长久、

◎ 重阳节

　　长寿之意，按过去风俗，菊花象征长寿，人们认为喝菊花酒可延年益寿，所以 1989 年，我国正式将每年的农历九月九日定为"中国老人节"。

6.冬季节日：冬月消寒 除夕祭祖

祭祀先人寒衣节

《红楼梦》第四十七回，宝玉问柳湘莲，亡友秦钟的坟地怎么样了，柳湘莲说："这个事也用不着你操心，外头有我，你只心里有了就是。眼前十月初一，我已经打点下上坟的花消。"

十月初一是个什么日子呢？原来，这是"授衣节"。到了深秋初冬之时，天气日渐寒凉，人们把提前制好的冬衣在十月初一就穿上了。人们穿上了棉衣，同时又想到了冥间的先人，怕他们在地下的灵魂也缺少御寒的衣物，因此又去祭扫祖先坟茔，祭祀时除了有通常的食物、香烛、纸钱等外，还有一种特别的供物——冥衣。人们在坟前把冥衣焚化给祖先，叫作"送寒衣"或"烧寒衣"。于是，十月初一演变为专门的祭祀日——授衣节，又叫"寒衣节"或"烧衣节"。当然，祭祀烧的一般都不是真衣服，而是用花纸剪裁黏合精心制作而成的。后来简化的习俗，是把冥币封在一个纸袋中，写上收者和送者的名字以及要买的衣物，然后在坟茔前烧掉这个纸袋就行了。

九九消寒会

在古代，冬天是很难熬的，尤其是北方，室内需要取暖，出外道路不便，天寒地冻又没有多少农活可做，所以形成了办"消寒会"的习俗。这在《红楼梦》中也有反映，第九十二回，贾宝玉就说："明儿不是十一月初一日么，年年老太太那里必是个老规矩，要办消寒会，齐打伙儿坐下喝酒说笑。"

所谓消寒会，就是人们邀请亲友们聚在一起，以度过漫漫严冬的一种聚会性的娱乐，日期一般自定。特别是文人雅士，在入冬后，喜欢轮流做东，相约聚会，围炉饮酒赋诗，写字作画，有时还有意安排聚集的人数是九人，称"九九消寒会"。

为什么加上"九九"呢？这与我们从冬至开始起的计算寒天的"九九"有关。古时人们为了仔细计算寒天的日子，与夏天的"伏"对应，设立了"九九"，从冬至开始算起，九天为一"九"，到了"三九"，就是冬天最冷的时段了。华北一带有《九九歌》，反映了人们对冬春时节冷暖变化和物候农事的关心：

一九二九不出手，三九四九冰上走，

五九和六九，河边看杨柳，

七九河冻开，八九雁归来，

九九加一九，耕牛遍地走。

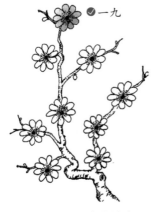

◈ 九九消寒图

为此，古人还画出了"九九消寒图"：先白描素梅一枝，花有九朵，每朵花有九枚花瓣；然后从冬至开始，每天用红笔染红一枚花瓣，等花瓣染尽时，则"九九"结束，严寒消尽，冬去春来。

冬 至 节

冬至是二十四节气中最重要的节气，也是一个传统节日，民间也称"冬节""长至节"等。早在 2500 多年前的春秋时期，我们的先人就已经能用土圭测出冬至的确定日期了。

古人非常重视冬至，规定有冬至的月为"子月"，是十二地支序的首位。按照公历，冬至一般在每年的 12 月 21—23 日，这天太阳直射南回归线，北半球白天最短，黑夜最长（北极圈以内则 24 小时都是黑夜）。在古代，到了冬至，朝廷上下要放假休息，军队待命，边塞闭关，商旅停业。很多地方有在冬至吃馄饨的习俗，因为冬至是一年中阳气上升的开始，正如混沌初开，所以用吃馄饨来象征，后来还有"冬至馄饨夏至面"的说法。民间还有风俗，亲朋好友要在冬至相互拜访，以美食相赠，过一个快乐热闹的节日。有时候人们购买的年货在冬至就消耗掉一大半，留下"冬肥年瘦"的说法。

腊 八 节

进入腊月，不算除夕的话，最重要的节日是腊八节。民间有"腊七、腊八，冻掉下巴"的说法，意思是说这是一年中最冷的日子。腊八节最主要的风俗是吃腊八粥。传统的腊八粥是各种米、豆等食材的杂烩，营养非常丰富，米要加入白米、黄米、江米、小米等，还有红豆、豇豆、芸豆等各种豆类，以及红枣、莲子、核桃、栗子、杏仁等干果，甚至胡萝卜、青菜、青丝、玫瑰等辅料都可加入。人们在腊月初七晚上就开始洗米、泡豆，在半夜时分就开始煮，用微火一直熬到第二天的清晨，腊八粥就做好了。早晨，先用熬好的腊八粥敬神祭祖，然后全家食用，馈赠左邻右舍。

《红楼梦》第十九回，宝玉给黛玉讲故事（实际是编派黛玉），就讲到腊八日熬腊八粥的事，说扬州有

⊚ 腊八粥

个林子洞，洞里有群耗子精。在腊月初七，老耗子说："明日乃是腊八，世上人都熬腊八粥。如今我们洞中果品短少，须得趁此打劫些来方妙。"于是它派遣一个能干的小耗子前去打听。小耗子回报，山下庙里果米最多，"米豆成仓，不可胜记。果品有五种：一红枣，二栗子，三落花生，四菱角，五香芋"。然后书里还讲了耗子精偷香芋的故事，把腊八节的风俗写得活灵活现。

小年、大年和除夕

腊月二十三也是个特殊节日——祭灶日，俗称"小年"。由于火的使用在人类文明发展中有着重要作用，所以各民族很早就设立了灶神。我国从周朝开始，就在

◎ 小年祭灶

全国立下祭灶的规矩，并沿袭至今。

灶神一般设在厨房灶台墙的神龛里，或直接贴在灶台上方的墙上。到腊月二十三这天（南方也有在腊月二十四的），人们将灶神旧像焚烧，叫作"送灶"，俗称"灶王爷升天"。第二天（有的地方是在除夕），主人又请来新灶王画像供上，叫"迎灶"。

从小年祭灶开始，就真正开启"过年模式"了，民谚称："二十三，祭灶官；二十四，扫房子；二十五，磨豆腐；二十六，去割肉；二十七，蒸枣泥；二十八，贴年画；二十九，去买酒；年三十，吃饺子。"这就直接到除夕守岁了。

除夕是腊月的最后一天，也称"年三十""大年夜""除夜"等。除夕夜，尤其是夜里子时，是新、旧年交替的时刻，这夜人们的活动很多，放鞭炮、贴春联、贴挂千、

摆供桌、吃饺子、守岁、迎岁……《红楼梦》第五十三
回对这些场面有详细的描述，讲"元日"时我们引用过，
这里就不重复了。总之，午夜一到，腊月就真正结束，
守岁完成，新的一年开始。